Eduin Yesid Mora Mendoza
Armando Sarmiento S.
Enrique Vera L.

Óxidos y mineral de hierro para aplicaciones de captura de CO2

Eduin Yesid Mora Mendoza
Armando Sarmiento S.
Enrique Vera L.

Óxidos y mineral de hierro para aplicaciones de captura de CO2

El calentamiento global es una realidad mundial. Debemos actuar antes que sea demasiado tarde.

PUBLICIA

Imprint

Cover image: www.ingimage.com

Publisher:
PUBLICIA
is a trademark of
International Book Market Service Ltd., member of OmniScriptum Publishing Group
17 Meldrum Street, Beau Bassin 71504, Mauritius

Printed at: see last page
ISBN: 978-620-2-43210-8

Zugl. / Aprobado por: Tunja, Universidad Pedagógica y Tecnológica de Colombia, 2019

ÓXIDOS Y MINERAL DE HIERRO PARA APLICACIONES DE CAPTURA DE DIÓXIDO DE CARBONO (CO_2)

EDUIN YESID MORA MENDOZA
ARMANDO SARMIENTO SANTOS
ENRIQUE VERA LÓPEZ
VADYM DROZD
ANDRIY DURYGIN
JIUHUA CHEN
SURENDRA K. SAXENA

DEDICATORIA

A todos los seres queridos que Dios y la vida pusieron en mi camino y que de una u otra manera me ayudaron a obtener este importante triunfo.

A Francy Mayoli mi amada esposa y compañera fiel, por brindarme su amor y apoyo incondicional. Gran parte de este triunfo lo debo a que su ejemplo, su inteligencia y sabiduría sirvieron de soporte para sobrellevar las dificultades y para aprender a trabajar como un verdadero equipo.

A Juan Manuel y Jose David mis hermosos e inteligentes hijos, por apoyarme, brindarme sonrisas alentadoras y además por perdonarme por el tiempo que tuve que quitarle a ellos para cumplir con esta meta.

A mis padres, Guillermo y Rosalba por darme la vida y la posibilidad de ser un profesional. Gracias madre por la ayuda incondicional y los consejos brindados a mí a mis hijos.

A mis suegros Mario y María por su invaluable colaboración, y por el amor tan grande y el cuidado que le brindan a mis hijos.

A mis hermanos, Nelson y Dunia por su apoyo constante. Crecimos juntos y seguimos haciéndolo.

AGRADECIMIENTOS

Agradezco al doctor Armando Sarmiento Santos, por su ayuda incondicional y atenta como director de este trabajo.

Al doctor Enrique Vera López por mostrarme el camino de la investigación, por darme su apoyo siempre que lo necesité y por brindarme importantes consejos que me han ayudado a formar como un investigador integral.

A los profesores Yanet Pineda Triana, Alfonso López Díaz, Luis Fernando Lozano y Edwin Gómez por brindarme amablemente sus conocimientos.

Special recognitions for professors Surendra K. Saxena, Vadym Drozd, Jiuhua Chen and Andriy Durygin at CESMEC, Center for the study of the matter at extreme conditions at the Florida International University, Miami, United States, for their academic and research assistance , their support and for giving me their friendship, showing me the importance of collaboration in the research work.

CONTENIDO

LISTA DE TABLAS

LISTA DE FIGURAS

LISTA DE ANEXOS

RESUMEN

Este trabajo de investigación, consiste en estudiar el proceso de captura del gas dióxido de carbono CO_2 utilizando óxidos y mineral de hierro como materiales de captura, junto con hierro metálico y grafito, los cuales actúan como agentes reductores. La carbonatación se llevó a cabo a través de los mecanismos hidrotermal y mecánico-químico. Vía hidrotermal, la interacción del material de captura con el CO_2 se llevó a cabo en una atmósfera propicia para su carbonatación bajo condiciones controladas de presión y temperatura. En el mecanismo mecánico-químico la carbonatación tuvo lugar dentro de un reactor cilíndrico, el cual gira a una velocidad de rotación adecuada y dentro del cual además del material de captura y del CO_2 a una determinada presión, se encuentran unas esferas metálicas que facilitan mediante su movimiento, un régimen fluidizado. Según el caso, se analizó la influencia de variables como la presión, la temperatura, la velocidad de rotación y el tiempo de reacción sobre la capacidad de captura de CO_2 de los materiales estudiados. Se identificaron las condiciones bajo las cuales el material carbonatado puede ser calcinado, con el fin de que los óxidos puedan ser regenerados y además ser utilizados en varios ciclos carbonatación-calcinación; para ello se utilizó un sistema cerrado usando vacío, así como plasma creado a partir de la descarga de barrera de dieléctrico. Para caracterizar los productos se utilizaron técnicas como difracción de rayos x, microscopía electrónica de barrido, espectroscopia Raman, termogravimetría, calorimetría diferencial de barrido y análisis de área superficial.

Palabras clave: mineral de hierro, óxidos de hierro, captura de dióxido de carbono, carbonatación, calcinación, descarga de barrera de dieléctrico, interacción mecánico-química.

ABSTRACT

This research work consists of studying the process of capture of the carbon dioxide gas CO_2 using oxides and iron ore as capture materials, together with metallic iron and graphite, which act as reducing agents. The carbonation was carried out through the hydrothermal and mechanical-chemical mechanisms. Hydrothermal pathway, the interaction of the capture material with the CO_2 was propitiated in an atmosphere conducive to its carbonation, under controlled conditions of pressure and temperature. In the mechanical-chemical mechanism the carbonation took place inside a cylindrical reactor, which rotates at a suitable rotational speed and in which, in addition to the capture material and the CO_2 at a certain pressure, there are metallic spheres that facilitate with its movement, a fluidized regime. The influence of variables such as pressure, temperature and reaction time on the CO_2 capture capacity of the studied materials was analyzed. The conditions under which the carbonate material can be calcined were identified, so that the oxides can be regenerated and also be used in several carbonation-calcination cycles; for this purpose a closed system was used using vacuum, as well as plasma created from the dielectric barrier discharge. To characterize the products were used techniques such as x-ray diffraction, scanning electron microscopy, Raman spectroscopy, thermogravimetry, differential scanning calorimetry and surface area analysis.

Keywords: iron ore, iron oxides, carbon dioxide capture, carbonation, calcination, dielectric barrier discharge, mechanical-chemical interaction.

INTRODUCCIÓN

Es evidente que los productos generados a partir de procesos industriales han mejorado la calidad de vida de las sociedades, pues son generadores de progreso. Sin embargo, en la fabricación de productos de gran demanda, se generan poluciones en forma de emisiones de dióxido de carbono (CO_2), el principal causante del calentamiento global, calculando que su aporte al mismo es de cerca del 64%[1]. Una gran cantidad de investigadores creen que si el uso intensivo de combustibles fósiles continúa por otros 50 años, la concentración de CO_2 alcanzará valores cercanos a 580ppm, lo cual generará un cambio climático severo. "La concentración atmosférica del CO_2, subió de 280ppm en el año 1.800 a 397,8ppm en el 2014. De acuerdo con IEO (International Energy Outlook) en 2013, las emisiones se proyectan que crezcan de 31,2 billones de toneladas métricas que se emitieron en 2010 a 45,5 billones de toneladas métricas en el 2040 debido a condiciones propias del desarrollo de los países"[2].

Por esta razón, mitigar las emisiones de este gas ha recibido importante atención en años recientes. Los óxidos metálicos aparecen como fuertes candidatos en la captura del CO_2, debido principalmente a sus propiedades termodinámicas favorables al proceso y a la abundancia en la naturaleza de algunos de ellos[3]. Se han realizado algunos experimentos que permiten captura de CO_2 utilizando materias primas de la industria del acero como magnetita Fe_3O_4 e hierro metálico Fe, pero el porcentaje de captura aún es bajo, lo que permite inferir que es necesario no solamente mejorar el nivel de captura, sino explorar la utilización de diferentes óxidos y otros materiales que actúen como agentes reductores.

Las tecnologías utilizadas actualmente para tratar el CO_2 están lejos de ser una solución industrialmente viable; la razón más obvia es que unas grandes cantidades de flujo de gas emitido requieren ser tratadas con una baja transferencia de masa durante el proceso. A causa de esa limitación, una alternativa es la captura del CO_2 por medio de absorción/adsorción utilizando componentes sólidos.

Los óxidos metálicos (MO) combinados con CO_2 forman termodinámicamente carbonatos estables; los carbonatos de metal al ser calcinados liberan CO_2 puro y los óxidos son regenerados. Investigaciones que utilizan óxidos metálicos para tratar el CO_2 están siendo desarrolladas actualmente, debido a que ellos poseen

---

[1] KUMAR, Sushant y SAXENA, Surendra. A comparative study of CO2 sorption properties for different oxides. En: Mater Renew Sustain Energy, 2014, DOI 10.1007/s40243-014-0030-9.

[2] Ibid., p. 2.

[3] YAP, D, TATIBOUET, J Y BARIOT, C. Carbon dioxide dissociation to carbon monoxide by non-thermal. En: *Journal of CO2 Utilization,* 2015. p.117-125.

propiedades de alta durabilidad, son mecánicamente resistentes y su disponibilidad es amplia y a bajo costo[4].

Colombia es un país que posee importantes yacimientos de mineral de hierro, principalmente en los departamentos de Boyacá, Cundinamarca y Cauca, lo cual hace pertinente y relevante llevar a cabo el estudio sobre la viabilidad de los óxidos y mineral de hierro en la captura del dióxido de carbono como gas contaminante y principal aportante para el calentamiento global. De acuerdo con la Agencia Nacional de Minería, en 2016 Colombia explotó cerca de 715.000 toneladas de mineral de hierro, las cuales son principalmente utilizadas para la fabricación de acero. La composición química del mineral, presenta al hierro como principal componente y a otros compuestos como sílice, óxidos de calcio, magnesio y manganeso, así como alúmina, los cuales son considerados como impurezas.

Este trabajo de investigación presenta los resultados obtenidos del estudio de la utilización del mineral de hierro y de óxidos de hierro puros, para la captura de dióxido de carbono; la investigación se puede dividir en tres partes principales, la carbonatación, la calcinación y la reciclabilidad o uso del material en varios ciclos de carbonatación-calcinación.

La carbonatación, proceso que mide el grado de captura de CO_2 por parte de los materiales fue lograda a través de los mecanismos hidrotermal y mecánico-químico. Por el mecanismo hidrotermal, la reacción del material de captura con el CO_2 se llevó a cabo en una atmósfera propicia para su carbonatación bajo condiciones controladas de presión y temperatura, en tanto que por el mecanismo mecánico-químico se busca lograr un régimen fluidizado de tal manera que la capa de formación de material carbonatado no sea una gran limitante para propiciar el contacto entre el óxido de hierro y el gas. Por medio de este método, la carbonatación tuvo lugar dentro de un reactor cilíndrico, el cual gira a una velocidad de rotación fija y dentro del cual además del material de captura y del CO_2, a una determinada presión, se encuentran unas esferas metálicas; este novedoso método de captura podría ser objeto de importantes aplicaciones en el futuro, dado los excelentes resultados generados en cuanto a la capacidad de captura lograda. Se analizó la influencia de variables como la presión, la temperatura y el tiempo de reacción sobre la capacidad de captura de CO_2 de los materiales estudiados.

En el proceso de calcinación, se identificaron las condiciones bajo las cuales el hierro carbonatado o siderita ($FeCO_3$) libera el CO_2, con el fin de que los óxidos puedan ser regenerados; para ello se utilizó un sistema cerrado usando vacío, así

[4] HASSANZADEH, A Y ABBASIAN, J. Regenerable MgO-based sorbents for high-temperature CO_2 removal from syngas: 1. sorbent development, evaluation, and reaction modeling. En: Fuel, 2010. vol. 89, p. 1287-1297.

como plasma creado a partir de la descarga de barrera de dieléctrico (DBD)[5]; la estabilidad de la siderita es un tema de relevancia para muchas investigaciones debido a la aplicabilidad que tiene en el proceso de fabricación del petróleo de esquisto y en la combustión de algunos carbones[6]. Este trabajo presenta al plasma creado en un arreglo de DBD, como un novedoso método para descomponer el material carbonatado.

La reciclabilidad fue estudiada realizando varios ciclos carbonatación-calcinación para todos los materiales de captura utilizados. El número final de ciclos estudiados dependió de que tanto disminuyó el área y volumen del poro, de acuerdo al análisis de área superficial.

El documento presenta en el capítulo 2, una contextualización teórica sobre las tecnologías actuales usadas para captura de CO_2, así como los aspectos más importantes de la captura usando óxidos metálicos, para luego describir las características más importantes de los óxidos de hierro, el material bajo estudio; aunado a lo anterior se presentan algunos conceptos sobre las tecnologías y métodos utilizados como son, la DBD y la interacción químico mecánica mediante molido; en este capítulo finalmente se describe el software FactSage , el cual fue utilizado para generar simulaciones termodinámicas de los sistemas químicos estudiados a diferentes condiciones de presión y temperatura. En el capítulo 3 se presentan los equipos e instrumentos empleados para caracterizar los productos y medir las variables involucradas; también se presentan los métodos empleados para calcular la capacidad de captura. En el capítulo de resultados, se presenta el análisis y la discusión generados en la experimentación. En primera instancia se realizaron simulaciones para identificar el comportamiento termodinámico en las reacciones de carbonatación y calcinación; de acuerdo con estos resultados se realizaron ensayos preliminares para confirmar la presencia de siderita en las reacciones de carbonatación; seguidamente se presentan los estudios realizados en la carbonatación por medio de los métodos propuestos, para así identificar las condiciones adecuadas para descomponer la siderita, obteniendo óxidos de hierro que pueden ser nuevamente carbonatados. Finalmente se realiza un análisis comparativo de las vías de carbonatación estudiadas, y las posibles expectativas que se suscitan desde los resultados experimentales.

---

[5] FRIDMAN, Alexander. Plasma Chemistry. 1 st ed. Cambridge University, 2008. ISBN 978052187353.p.237.

[6] GOTOR, M, *et al.* Comparative study of kinetics of the thermal decomposition of synthetic and natural siderite samples. En: Phys Chem Minerals. 2000. vol. 27, p. 495-503

1. OBJETIVOS

1.1 OBJETIVO GENERAL

Estudiar a escala de laboratorio, la utilidad de óxidos y mineral hierro en aplicaciones de captura del gas de efecto invernadero CO_2.

1.2 OBJETIVOS ESPECÍFICOS

Estudiar la interacción del gas CO_2 con óxidos y mineral de hierro mediante tres vías de carbonatación, hidrotermal, por descargas de barrera de dieléctrico DBD y por acción mecanicó-química.

Interpretar los mecanismos de regeneración térmica de los materiales carbonatados e identificar los productos generados.

Evaluar la capacidad de los óxidos de hierro regenerados para su utilización en varios ciclos carbonatación- calcinación.

Realizar un estudio comparativo entre las vías utilizadas para carbonatar y calcinar con el fin de proyectar la implementación de sistemas o dispositivos en procesos industriales.

2. MARCO TEÓRICO

2.1 TECNOLOGÍAS PARA CAPTURA DE DIOXIDO DE CARBONO

De acuerdo a lo expresado por Zaman y Lee[7], existen tres maneras de reducir las emisiones de CO_2 a la atmósfera, uso más eficiente de la energía, uso de fuentes alternativas de energía y combustibles y por último la captura y secuestro de CO_2; este último involucra la separación, presurización, transporte y secuestro. Dentro de las opciones que existen para captura del gas carbónico se encuentran, absorción, adsorción, criogénico, membranas y micro algas; la adecuada elección de alguna de ellas depende principalmente del tipo de proceso industrial y de la magnitud de las variables presión, temperatura y concentración de CO_2, teniendo en cuenta el nivel de pureza, la economía, la confiabilidad, etc. En la figura 1 se puede apreciar las tecnologías más usadas para captura de CO_2.

Figura 1. Tecnologías usadas para captura de dióxido de carbono

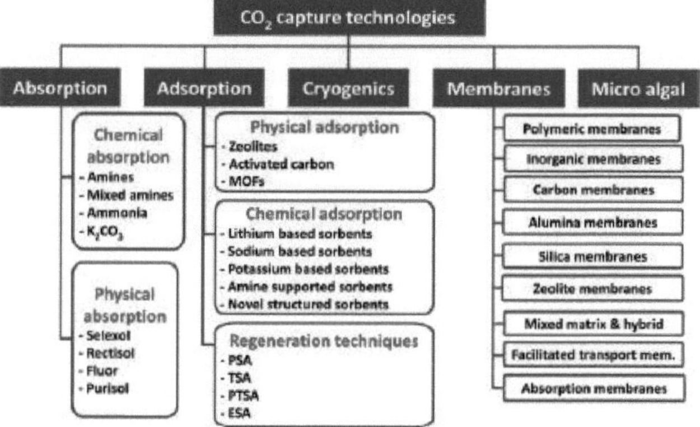

Fuente. ZAMAN, Muhammad y LEE, Jay Hyung. Carbon capture from stationary power generation sources: A review of the current status of the technologies.

La tecnología más desarrollada en las presentadas es las aminas, la cual se encuentra catalogada dentro la tecnología de absorción química. Las aminas tienen una alta capacidad de absorción de CO_2, lo que se traslada en una alta capacidad de captura; sin embargo, tienen el inconveniente de que necesitan un alto gasto de energía en el proceso de separación de impurezas y limpieza para

[7] ZAMAN, Muhammad y LEE, Jay Hyung. Carbon capture from stationary power generation sources: A review of the current status of the technologies. En: Korean J. Chem. Eng. 2013. Vol 30. N° 8, p. 1497-1526.

que puedan ser usadas en un nuevo ciclo de captura. La adsorción presenta características de capacidad de captura que indican que esta tecnología promete ser una excelente opción a futuro; su desventaja radica en el hecho en que se necesita una infraestructura importante, así como un gasto energético alto para regenerar el material, a través de técnicas como presión, temperatura, híbrido entre presión y temperatura e incluso técnicas de naturaleza eléctrica. Las tecnologías que se encuentran todavía a escala de laboratorio son la criogénica, las membranas y las micro algas.

Tomando el caso particular de las plantas generadoras de energía, existen tres maneras para capturar el CO_2 derivado del carbón que son, pre, post y oxi-combustión, cada una a condiciones específicas de presión, temperatura y concentración de CO_2, según se puede apreciar en la figura 2. En la captura en post combustión, el CO_2 es separado de otros gases presentes en el aire o producidos en la combustión. En pre combustión la captura se presenta por que es removido desde el combustible antes de la combustión, y en oxi combustión el combustible es quemado con vapor de oxígeno que contiene poco o nada de nitrógeno[8].

Figura 2. Sistemas post, pre y oxi combustión.

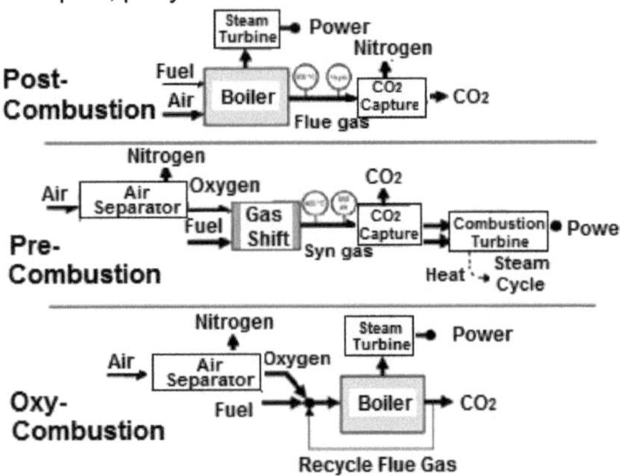

Fuente. Figueroa, et al. Advances in CO_2 capture technology—The U.S. Department of Energy's Carbon Sequestration Program.

---

[8] FIGUEROA, José, *et, al* . Advances in CO2 capture technology—The U.S. Department of Energy's Carbon Sequestration Program. <u>En:</u> International Journal of Greenhouse gas control. 2008. Vol 2 p. 9-20.

En la figura 3 se pueden apreciar la principales tecnologías innovadoras empleadas en captura y separación de CO_2 visualizando beneficios por reducción de costo como función del tiempo de comercialización[9].

Figura 3. Tecnologías para captura del CO_2- Beneficio por reducción de costo y tiempo de comercialización

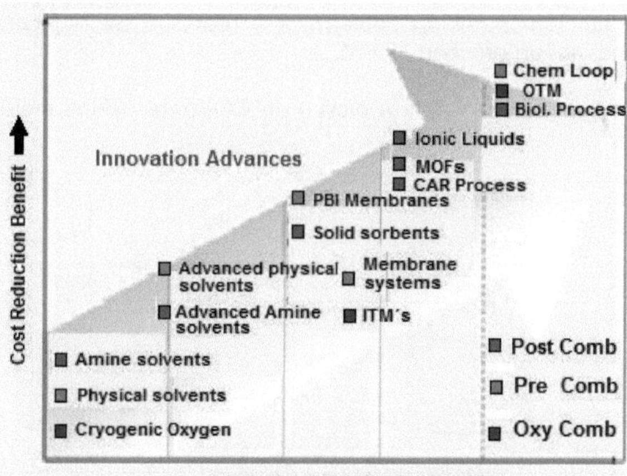

Fuente. Figueroa, et al. Advances in CO_2 capture technology—The U.S. Department of Energy's Carbon Sequestration Program.

La mayoría de los procesos reales en los que se genera CO_2 a partir de carbón involucran la captura en post combustión. Actualmente, se están estudiando y utilizando tecnologías emergentes como son sistemas a base de carbonatos, amonios bicarbonatos, membranas, absorbentes, estructuras orgánicas metálicas, sistemas basados en enzimas, líquidos iónicos entre otros[10] [11] [12] [13] [14].

[9] Ibid., p.12 .

[10] BLACK, S. Chilled ammonia scrubber for CO_2 capture. *Carbon Sequestration Forum VII.* Cambridge. 2006.

[11] FALK, O, DANNSTROM, H y PENNLINE, K. Gas treating using membrane gas/liquid contactors. Fifth International Conference on Greenhouse Gas Control Technologies. Cairs, 2000

[12] ZHANG, L. The southwest regional carbon sequestration partnership—development of CO_2 capture technology. Second Annual Carbon Capture and Transportation. Palo Alto, 2006.

[13] GRAY, M, CHAMPAGNE; K y PENNLINE; K. Improved immobilized carbon dioxide capture sorbents. En: Fuel Process, 2005. vol. 86, N° 14, p. 1449-1455.

[14] YANG, W y CIFERMO, J. Assessment of Carbozyme Enzyme-Based Membrane Technology for CO_2 Capture from Flue Gas. 2006. DOE/NETL 401/072606.

2.2 CAPTURA DEL DIOXIDO DE CARBONO POR MEDIO DE ÓXIDOS METÁLICOS

En la figura 4 se pueden apreciar las dos etapas correspondientes al proceso de captura del CO_2 por medio de óxidos metálicos, dentro de los cuales se incluyen los de hierro. Los óxidos metálicos (MO) con el CO_2, usan combinadamente reacción de carbonatación exotérmica y reacción de regeneración endotérmica para formar así un proceso cíclico.

Figura 4. Proceso de captura cíclico de CO_2 para óxidos metálicos y carbonatos metálicos

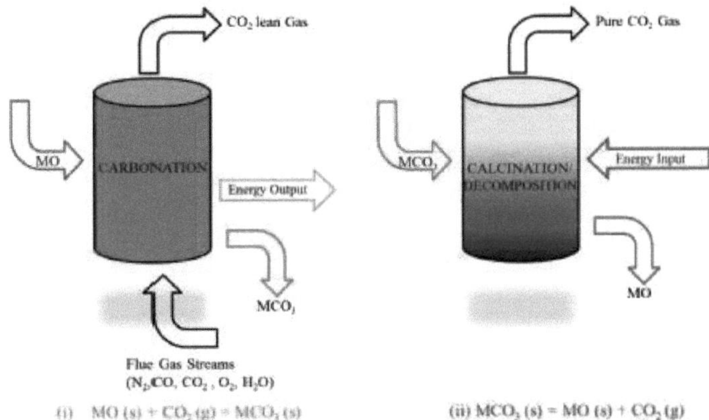

Fuente. Kumar, S, Saxena, S. A comparative study of CO_2 sorption properties for different oxides.

En general, cualquier óxido metálico que pueda ser candidato para capturar el CO_2 debería ser abundante en la tierra, reaccionar con el CO_2 a baja temperatura, requerir baja energía de regeneración, adecuada cinética de reacción y formar idealmemnte carbonatos estables a condiciones ambientales[15].

Se han desarrollado recientemente, metodologías teóricas con el fin de identificar los mejores materiales absorbentes del CO_2 [16] [17]. Estas metodologías incluyen los principios de la teoría del funcional de densidad (DFT) y los cálculos dinámicos de fonón enmallado. En principio las propiedades termodinámicas de los materiales

---

[15] KUMAR, Sushant y SAXENA, Surendra. A comparative study of CO2 sorption properties for different oxides. Op. cit. p. 3.

[16] ZHANG, B, DUAN Y y JHONSON, K. En: J. Chem. Phys, 2012. vol. 16, p. 136-145.

[17] DUAN, Y, LUEBKE, D y PENNLINE, H. Efficient theoretical screening of solid sorbents for CO2 capture applications. En: J. Clean Coal Energy, 2012. p. 1-11.

sólidos son usadas para calcular las propiedades de equilibrio de reacción termodinámica del ciclo absorción/emisión de CO_2 basado en el potencial químico y en el análisis del calor de reacción.

La selección final del material usado en la captura, depende en primer lugar de las condiciones de operación de la planta de generación de potencia, así como la tecnología usada en la misma para la captura del CO_2 es decir pre, post y oxi combustión. Este material puede ser considerado para validación experimental, si además permite un gasto bajo de energía en los procesos de captura y regeneración y que además pueda operar en las condiciones deseadas de presión y temperatura del CO_2. En la figura 5, se ilustran las propiedades termodinámicas y el CO_2 wt% absorbido para diferentes óxidos metálicos. Cabe anotar que los factores que se tienen en cuenta en este comportamiento no son los únicos que definen que un material de este tipo sea sometido a estudios experimentales. Es necesario contemplar la disponibilidad o costo, la temperatura de regeneración, la cinética, la reversibilidad y la durabilidad para proyectar la captura en aplicaciones a gran escala[18] .

Figura 5. Propiedades termodinámicas y el CO_2 wt% absorbido para diferentes óxidos metálicos MO(s) +CO_2(g)= MCO_3(s) a 300K.

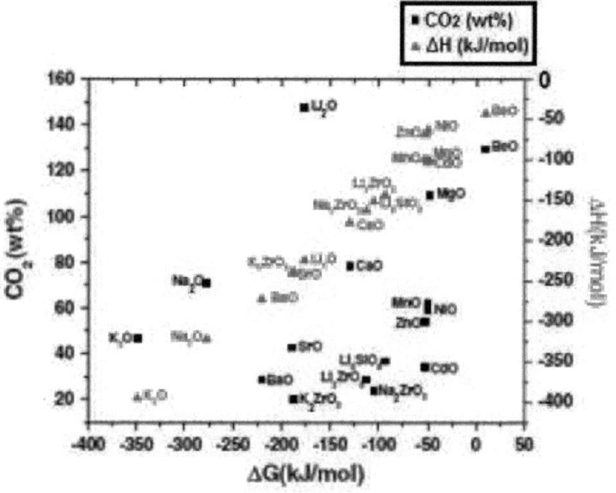

[18] KUMAR, S, SAXENA, S, DROZD, V y DURYGIN, A. An experimental investigation of mesoporous MgO as a potential. En: Mater Renew Sustain Energy, 2015. DOI 10.1007/s40243-015-0050-0.

Fuente. Kumar, S, Saxena, S. A comparative study of CO_2 sorption properties for different oxides.

Por ejemplo, el óxido de berilio (BeO) tiene las mejores condiciones termodinámicas de los óxidos estudiados, pero es un candidato descartable en la captura del CO_2 debido a problemas de insalubridad cuando se presenta en forma de polvo. Normalmente, una adecuada reacción directa exotérmica $MO(s) + CO_2(g) = MCO_3$ requiere una alta temperatura de regeneración para el óxido, $MCO_3 = MO(s) + CO_2(g)$. Además, para obtener un bajo porcentaje absorbido de CO_2, se requerirá una gran cantidad de material sólido para tratar un gran volumen de flujo de vapor de gas en cualquier planta de quemado de combustible fósil. Un aumento brusco en la temperatura representa una disminución o suspensión en la absorción de CO_2 con el consecuente comienzo de la liberación del mismo.

Las propiedades termodinámicas son diferentes dependiendo si el proceso se presenta en pre o post combustión. En pre combustión la presión parcial y la temperatura del CO_2 son aproximadamente de 20 a 25 bar y de 300-350 °C respectivamente, mientras que en post combustión los valores de presión parcial y temperatura son aproximadamente de 0,1-0,2 bar y 27-77°C respectivamente. Los materiales absorbentes deben idealmente, con el fin de minimizar gastos energéticos, trabajar en rangos de presiones y temperaturas por encima de los valores indicados con el fin de poder separar el CO_2 de los otros gases presentes en estos procesos industriales[19].

Con las limitantes ya expuestas, pocos óxidos parecen ser promisorios y por tanto pueden ser escogidos para validación experimental. Dos óxidos alcalino-térreos causan especial atención por su accesibilidad y por la termodinámica favorable, el óxido de calcio (CaO) y el óxido de magnesio (MgO). Recientemente el litio, sodio y potasio basados en silicatos o zirconatos también han ganado interés por su alta capacidad de captura de CO_2. Adicionalmente, el óxido de hierro (FeO) puede también ser visto como un material promisorio para captura de CO_2 en el sector de la industria del acero. Debido a propiedades termodinámicas favorables y amplia disponibilidad en el país, se propone estudiar la interacción del óxido de hierro con el gas CO_2 para evaluar el papel que cumplen estos óxidos, en la captura del CO_2.

Estudios no solamente experimentales, sino también teóricos y de modelamiento matemático han sido adelantados con el fin de analizar las características termodinámicas presentes en la captura del CO_2. Pannocchia y otros[20] presentaron un modelo matemático que describe el comportamiento del zirconato de litio (Li_2ZrO_3) a altas temperaturas en la captura del CO_2, comprobando teórica

[19] FIGUEROA, José, *et, al*. Op. cit. p.13.

[20] PANNOCCIA,G, *et, al.* Experimental and Modeling Studies on High-Temperature Capture of CO_2 Using Lithium Zirconate Based Sorbents. En: Industrial & engineering chemistry research, 2007. vol. 46, p. 6696-6706.

y experimentalmente que es un material promisorio para esta aplicación. A partir de simulaciones computacionales se puede predecir el comportamiento de materiales para captura de CO_2, de acuerdo a lo reportado el trabajo realizado por Kong y otros[21] en el que estudiaron el magnesio.

Debido a la apremiante necesidad de obtener materiales que generen captura de CO_2, se ha estudiado hasta los residuos térmicos como la ceniza de incineración a fin de que a partir de ellos se pueda carbonatar el CO_2, para de esta manera, secuestrarlo[22]. Lo anterior ha dado lugar a la definición de diferentes metodologías que permiten identificar los materiales más promisorios como absorbentes sólidos. Estas metodologías contemplan los dos conceptos ya comentados y que son fundamentales en su estructura, la teoría de la densidad funcional y los cálculos dinámicos de fonón enmallado[23].

Debido principalmente a sus características termodinámicas las investigaciones se han centrado en el óxido de calcio CaO y el de magnesio MgO, carbonatándolos para así obtener $CaCO_3$ y $MgCO_3$ respectivamente, recuperándolos vía calcinación a temperaturas significativamente más altas; sin embargo, óxidos como el de zinc han tomado importancia debido a su baja energía de regeneración, comparada con la de otros óxidos; utilizando el ZnO es necesario elevar la temperatura a no más de 300°C, comparada con la temperatura de regeneración de los óxidos de magnesio y de litio las cuales alcanzan los 500°C y 700°C, respectivamente; en estas investigaciones se estudian los procesos de carbonatación y calcinación logrando porcentajes de conversión del CO_2 de más del 90%[24] [25] [26].

Otros materiales desarrollados y utilizados en investigaciones a escala de laboratorio para captura del CO_2, son el ortosilicato de litio (Li_4SiO_4), el zirconato de sodio (Na_2ZrO_3), el metalisilicato de sodio (Na_2SiO_3), el silicato de calcio

[21] KONG, E, *et, al.* CO2 Dynamics in a Metal–Organic Framework with Open Metal Sites. En: Journal of the american chemical society, 2012. vol. 134, p. 14341-14344.

[22] YARRAMENDI, L y CABALLERO, S . Mineralización de dióxido de carbono mediante carbonatación de residuos térmicos. En: Dyna, Energía y Sostenibilidad, 2012. vol. 2, p 1-12.

[23] DUAN, Y. CO2 capture properties of alkaline earth metal oxides and hydroxides: a combined density functional theory and lattice phonon dynamics study. En: J. Chem. Phys, 2010.vol. 133, p. 1-22.

[24] GUPTA, H y LIENG, F. Carbonation–Calcination Cycle Using High Reactivity Calcium Oxide for Carbon Dioxide Separation from Flue Gas. En: Ind. Eng. Chem. 2002.]vol 41. N°16 p. 4035–4042.

[25] TENG, F, *et.al.* Effect of the flowing gases of steam and CO2 on the texture and catalytic activity for methane combustion of MgO powders, En: Microporous and Mesoporous Materials, 2008 vol. 111, p. 620-626.

[26] Venegas, M , *et.al.* Kinetic and Reaction Mechanism of CO2 Sorption on Li4SiO4: Study of the Particle Size Effect. . En: Eng. Chem, 2007. vol. 46, N° 8, p. 2407-2412.

($CaSiO_3$), los óxidos metálicos básicos de transición, óxidos de niquel y las perovskitas [27].

El ortosilicato de litio Li_4SiO_4, un óxido metálico alcalino, es un material estudiado recientemente debido a que es considerado un buen captador de CO_2 a altas temperaturas las cuales pueden llegar hasta los 700 °C, pero tiene la desventaja de que necesita una alta cantidad de energía para la descomposición, necesitando temperaturas de más de 800° C[28]. Sin embargo, se ha reportado una manera interesante de sintetizar el Li_4SiO_4 usando cascarilla de arroz la cual puede ser calcinada a 800°C en presencia de Li_2CO_3, consiguiendo remover más de un 90% del CO_2 a temperaturas de entre 250 y 550°C[29]. Las posibilidades del zirconato de sodio, Na_2ZrO_3 como captador de CO_2 son prometedoras debido a su termodinámica favorable y a su alta capacidad de absorción. Trabajos reportados demuestran que los absorbentes basados en sodio pueden ser usados como materiales sólidos a altas temperaturas, siendo además más económicos que los obtenidos a base de litio, revelando que las mejores condiciones cinéticas para absorción química se presentaron en el rango de temperatura de entre 550 y 700°C. [30] [31] [32].

A pesar de que algunos materiales estudiados poseen condiciones favorables para la captura del CO_2, los investigadores están trabajando para superar tres importantes limitaciones; la primera es la cinética de la reacción de carbonatación que a pesar de ser altamente exotérmica, cae después de la formación de la primera capa de carbonatación limitándose a la difusión del CO_2 a través de una superficie delgada del material carbonatado; para ello se ha trabajado y se ha mejorado la cinética de estos absorbentes creando precursores o métodos de síntesis [33] [34] [35]; La segunda es que el paso a la regeneración requiere gran

[27] KUMAR, Sushant y SAXENA, Surendra. A comparative study of CO2 sorption properties for different oxides. Op. cit. p. 8

[28] ESSAKI, K, *et.al.* CO2 absorption by lithium silicate at room temperature. En: J. Chem. Eng, , 2004. vol. 37, p. 772-777.

[29] WANG, K , *et* , *al.* High temperature capture of CO2 on lithium-based sorbents from rice husk ash. En: J. Hazard. Mater, 2011. vol. 189, p. 301-307.

[30] PFEIFFER, H , *et* , *al.* Thermal behavior and CO2 absorption of Li2-xNaxZrO3 solid solutions. En:Chem. Mater, 2007. vol. 19, p. 922-926.

[31] ZHAO, T; RONNING,M y CHEN, D. Preparation and high-temperature CO2 capture properties of nanocrystalline Na2ZrO3. En: Chem. Mater, , 2007. vol. 19, p. 3294-3301.

[32] ALCERRECA-CORTE, I; FREGOSO, E y PFEIFFER, H. CO2 absorption on Na2ZrO3: a kinetic analysis of the chemisorption and diffusion processes. En: J Phys. Chem, 2008. vol. 112, p. 6520-6525.

[33] BARKER, R. The reactivity of calcium oxide towards carbon dioxide and its use for energy storage. En: J. Appl. Chem. Biotech, 1974. vol. 24, p. 221-227.

[34] LU, H *et* , *al.* Nanostructured Ca-based sorbents with high CO2 uptake efficiency. En Chem. Eng. Sci, , 2009. vol. 64, p. 1936-1943.

[35] LU, H; REDDY, P y SMIMIOTIS, P. Calcium oxide based sorbents for capture of carbon dioxide at high temperatures. En: Eng. Chem, 2006. vol. 45, p.3944-3949.

cantidad de energía, y la tercera propone que para que el material sea un absorbente efectivo, este se debe adecuar a grandes superficies de exposición[36].

El metalisicato de sodio Na_2SiO_3 no ha sido extensamente estudiado, debido a que este óxido solamente absorbe bajas cantidades de CO_2 en rangos de temperatura muy definidos[37] .

Algunos óxidos han recibido especial atención debido a su bajo costo. El silicato de calcio $CaSiO_3$ además de ser económico tiene una baja temperatura de absorción comparado con su par más cercano el CaO. Trabajos de investigación reportados evidenciaron las propiedades de carbonatación-calcinación del silicato de calcio para captura de CO_2 [38 39]. El material comienza a absorber cerca de los 400°C con 28,72% de eficiencia de absorción en una mezcla de 15% de CO_2 y 85% de N_2. Se observó una alta temperatura de regeneración, 800°C; sin embargo, la capacidad de captura cae drásticamente para un número grande de ciclos, lo cual puede ser atribuido a la sinterización de los materiales que genera una pérdida de área específica. En estos trabajos también se reportó que la capacidad de captura aumenta notablemente al incluir agua en la reacción.

Una opción interesante para capturar el CO_2 es la utilización de óxidos básicos metálicos de transición; el óxido metálico (Me_xO_y) es reducido mediante un combustible carbonáceo para generar CO_2 y/o H_2O. El metal reducido (Me_xO_{y-1}) es entonces oxidado mediante oxígeno regresándolo a Me_xO_y en un reactor de aire; este proceso genera una reacción exotérmica, en el cual los óxidos metálicos de transición son transportados dentro y entre el reactor de combustible y el de aire[40]. Los óxidos metálicos de transición de níquel y cobre han sido las más ampliamente estudiados. A pesar de la gran reactividad de estos materiales, su desarrollo está restringido a causa de su relativo alto costo; los óxidos a base de hierro (Fe) parecen ser más prometedores para esta aplicación [41 42].

---

[36] GRUEN, H *et , al.* Dispersed calcium oxide as a reversible and efficient CO2—sorbent at intermediate temperatures. En: Ind. Eng. Chem. 2011. vol. 50, p. 4042-4049.

[37] RODRÍGUEZ, M y PFEIFFER, H . Sodium metasilicate (Na2SiO3): a thermo-kinetic analysis of its CO2 chemical sorption, En: Thermochim, 2008.

[38] WANG, M y LEE, C. Absorption of CO2 on CaSiO3 at high temperatures. En: Energy Convers. Manag 2009. vol. 50, p. 636-638.

[39] TILEKAR, C, *et. al.* The capture of carbon dioxide by transition metal aluminates, calcium aluminate, calcium zirconate, calcium silicate and lithium zirconate. En: Front. Chem. Sci. Eng, 2011. vol. 5, p. 477-491.

[40] KUMAR, Sushant y SAXENA, Surendra. A comparative study of CO2 sorption properties for different oxides. Op. cit. p. 11.

[41] FAN, L *et. al.* Chemical looping processes for CO2 capture and carbonaceous fuel conversion—prospect and opportunity. En: Energy Environ. Sci, 2012. vol. 5, p. 7254-7280.

[42] MATTISON, T . Materials for chemical-looping with oxygen Uncoupling. En: ISRN Chem. Eng, 2013. p. 1-19.

Algunos investigadores[43 44 45] han estudiado el comportamiento de las perovskitas en la aplicación de captura de CO_2; aunque este material tiene estructura química estable, presenta movimiento de iones activos dentro y fuera de la estructura. Utilizando el sistema $Li_2SrTa_2O_7$ se encontró que la temperatura de operación en captura es de cerca de 140°C lo cual es muy atractivo comparado con aproximadamente los 400°C que son necesarios en otros componentes sólidos inorgánicos. La temperatura de regeneración del $Li_2SrTa_2O_7$ está por el orden de los 700°C mostrando que la captura de CO_2 con este material es reversible y que puede ser ejecutado en un buen número de ciclos. Similares resultados se encontraron para el sistema $Li_2SrNb_2O_7$. Otro material tipo perovskita que se ha utilizado para estudiar la captura del CO_2 es el sistema $Ba_4Sb_2O_9$, el cual puede ser sinterizado usando una reacción de estado sólido en aire desde $BaCO_3$ y Sb_2O_3. La captura de CO_2 del sistema $Ba_4Sb_2O_9$ mezclado con N_2 se encontró a 600°C mientras que la temperatura de regeneración está por el orden de los 950°C. Un resultado atractivo que presentó el sistema tipo perovskita es que no hubo reducción significante en la capacidad de absorción durante los 100 primeros ciclos[46].

En los últimos años, otros materiales han sido objeto de estudio en la captura del CO_2. El óxido de manganeso MnO, un óxido metálico de transición puede ser utilizado tanto en pre combustión como en post combustión. El óxido de cadmio CdO también podría ser utilizado en pre combustión y post combustión, sin embargo la toxicidad del Cd le genera una gran limitación en aplicaciones prácticas[47]. Similarmente el óxido de níquel NiO, de acuerdo a la termodinámica puede ser utilizado en aplicaciones de post combustión pero no en las de pre combustión. La captura en post combustión ocurrirá cerca de los 77°C y podría ser regenerado sobre los 187°C. La limitante para la utilización del níquel es sin duda su disponibilidad en la naturaleza, por tanto se han buscado alternativas en el uso del NiO, por ejemplo en la conversión del CO_2 a metanol [48 49]. Otro foco de atención en la captura del CO_2 se centra en las zeolitas, siendo estas atractivas para post combustión debido a su adsorción selectiva. La zeolita de aluminosilicato ha sido estudiada y los resultados muestran que tiene ventajas

---

[43] GALVEN, C *et. al.* Mechanism of a reversible CO_2 capture monitored by the layered perovskite $Li_2SrTa_2O_7$. En: Dalton Trans, 2010.vol. 39, p. 4191-4197.

[44] PAGNIER, T C *et al.* .Phase transition in the Ruddlesden-Popper layered perovskite Li2SrTa2O7, . En: J. Solid State Chem, 2009. vol. 182, p. 317-326.

[45] DUNSTAN, M, *et al.*Reversible CO2 absorption by the 6H Perovskite Ba4Sb2O9. En: *Chem. Mater,2013* vol. 25, p. 4881-4891.

[46] KUMAR, Sushant y SAXENA, Surendra. A comparative study of CO2 sorption properties for different oxides. Op. cit. p. 13.

[47] Ibid., p. 14

[48] WANG, Z .CO2 photoreduction using NiO/InTaO4 in optical-fiber reactor for renewable energy. En: *Appl. Catal, 2010.* vol. 380, p. 172-177.

[49] PAN, P y CHEN, W. Photocatalytic reduction of carbon dioxide on NiO/InTaO4 under visible light irradiation. En: Catal.Commun, 2007. vol. 8, p. 1546-1549.

sobre la zeolita de silicato puro[50] [51]. En términos generales la adsorción cinética del CO_2 sobre las zeolitas es relativamente rápida y alcanza el equilibrio en unos pocos minutos, siendo la presión y la temperatura los factores predominantes. En las zeolitas, diferentes factores pueden optimizar el proceso de captura como son la basicidad, el tamaño del poro y el campo eléctrico fuerte debido al intercambio de cationes en las cavidades[52].

2.3 LOS ÓXIDOS DE HIERRO

Debido al potencial químico que tienen los metales de transición, pueden formar diferentes productos oxidados, y el hierro no es la excepción. Los óxidos de hierro presentan una variada gama de colores que va desde el mineral prácticamente blanco (akaganeíta), hasta el negro intenso (magnetita), pasando por diversas tonalidades naranjas (lepidocrocita), rojos (hematita), marrones (goethita) y verdes (wustita). Se presentan como óxidos, hidróxidos u oxihidróxidos con o sin agua de hidratación y en estado ferroso o férrico con propiedades físicas también bastante variadas, como aislantes, semiconductores y conductores; antiferromagnéticas, paramagnéticas o ferrimagnéticas; todo ello asociado a las diferentes formas de cristalización, que incluyen el amorfismo de la limonita y el hexagonal desordenado de la ferroxihíta, como también el ordenamiento ortorrómbico de goethita y lepidocrocita y el cúbico de espinela invertida de la magnetita y de la maghemita[53].

Las aplicaciones de estos materiales se han incrementado, y los usos potenciales son numerosos. Esta situación ha impulsado el desarrollo de diversas vías de síntesis que permiten obtener productos controlados, a la medida, a partir de otros óxidos, de precursores oxálicos, por hidrólisis de sales de hierro o por descomposición de quelatos. La práctica más común es la vía de la hidrólisis (en especial, para obtener hematita, magnetita y maghemita), aunque en los últimos años se ha incrementado la síntesis mediante la técnica sol-gel, la cual permite obtener productos de gran pureza y homogeneidad en la composición, forma, tamaño y distribución de las partículas[54].

2.3.1 La Hematita. La hematita, conocida también como óxido de hierro(III), especularita u oligisto, cuya fórmula química es α-Fe_2O_3, tiene una masa de 70 % Fe y 30 % O; es trigonal, del tipo del Al_2O_3, con parámetros de red a_0 = 5,038Å y

---

[50] HUDSON, M; QUEEN, W y MASON J. Unconventional, highly selective CO2 adsorption in Zeolite SSZ-13. En: J. Am. Chem. Soc, 2012. vol. 134, p. 1970-1973.

[51] SAMANTA, S, *et al* .Post-combustion CO2 capture using solid sorbents: a review. En: Ind. Eng. Chem, 2012. vol. 51, p. 1438-1463.

[52] KUMAR, Sushant y SAXENA, Surendra. A comparative study of CO2 sorption properties for different oxides. Op. cit. p. 13.

[53] CASTAÑO, J y ARROYAVE, C. La funcionalidad de los óxidos de hierro. En: Rev. metal,1998 vol. 3, N ° 34, p. 274-280.

[54] Ibid., p. 275

c_0 = 12,272 Å . Es paramagnética y aislante eléctrica, y las partículas tienen forma de plaquetas hexagonales u octogonales, variando su color de marrón rojizo (rojo sangre) a negra. Se halla en depósitos independientes a veces de gran espesor y extensión, como mineral asociado en rocas ígneas, como inclusión en muchos minerales, en forma de producto de sublimación de lavas o como resultado de metamorfismo de contacto, y por alteración de siderita o magnetita. Por hidratación se transforma en limonita[55].

2.3.2 La Magnetita. La magnetita, de fórmula Fe_3O_4, $Fe^{II}OFe_2^{III}O_3$ o $Fe^{II}Fe_2^{III}O_4$, se conoce como tetróxido de trihierro u óxido ferroso férrico y su color es negro. De fórmula general AB_2O_4 del grupo de la espinela ($MgOAl_2O_3$). Es cúbica, con parámetro a_0 = 8,3963 Å, ferrimagnética y semiconductora. El oxígeno forma la red cúbica de caras centradas, deja 32 espacios octaédricos y 64 tetraédricos; los octaédricos están ocupados por Fe^{2+} y Fe^{3+}, y los tetraédricos por Fe^{3+}. El hierro supone el 72,4 % y el oxígeno el 27,6 % en masa. A temperatura elevada puede cambiar ligeramente debido a que la red puede aceptar un exceso de iones trivalentes. Los iones ferrosos y férricos de las posiciones octaédricas comparten los electrones de valencia, lo que permite que sea un compuesto frecuentemente no estequiométrico y de elevada conductividad eléctrica.

Se encuentra diseminada como mineral asociado a la mayoría de las rocas ígneas. Comúnmente está asociada a rocas metamórficas cristalinas formadas al abrigo del aire. Se encuentra como una placa fina o dendrita entre placas de mica, y es uno de los constituyentes de las arenas de los ríos, lagos y mares. Se altera pasando a limonita o hematita, teniendo como intermediaria a la maghemita, debido a la semejanza en la estructura cristalina[56].

2.3.3 La Wustita. Este componente identificado como FeO es el que menor concentración de oxígeno tiene; tiene arreglo cristalográfico cúbico tipo NaCl formado por grandes iones de oxígeno con pequeños iones de hierro en sitios intersticiales. Debido a la alta densidad de vacancias catiónicas en la estructura cristalina, el intervalo de existencia en el sistema hierro- oxígeno es amplio. Estas vacancias que se consideran defectos puntuales se encuentran asociadas a la formación de hematita[57].

2.3.4. Sistema hierro-oxígeno a diferentes temperaturas. En la figura 6 se muestra el diagrama de fase hierro- oxígeno, en la que se visualizan los diferentes óxidos estables a altas temperaturas.

---

[55] Ibid., p. 275.
[56] Ibid., p. 276.
[57] TORRES, M. Crecimiento y deformación del óxido durante la laminación en caliente de aceros de bajo carbono, 1992. Nuevo León, México.

En las más altas temperaturas, los tres tipos de óxidos estables se forman paralelamente en función de la cantidad de oxígeno; la capa interior corresponde a la wustita la cual contiene el menor contenido de oxígeno (23,7% en peso), las capa intermedia corresponde a la magnetita (27,72% en peso) y la capa exterior corresponde la hematita (30,6% en peso) que tiene el mayor contenido de oxígeno[58].

Figura 6. Diagrama de equilibrio FeO

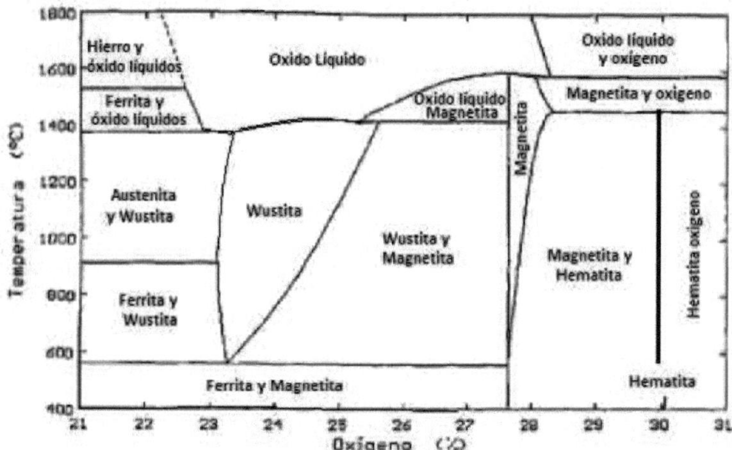

Fuente. Torres, M. Crecimiento y deformación del óxido durante la laminación en caliente de aceros de bajo carbono.

El mecanismo para crecimiento de la capa es complejo, debido a que el oxígeno es absorbido en la superficie externa de la hematita y luego se asimila en la red ocupando el lugar de alguna vacancia aniónica. Así mismo, el ión de hierro entra en la interfase metal/óxido ocupando las vacancias que se difunden hacía la interfase. Es necesario aclarar que dentro de cada fase existe una concentración de hierro del núcleo a la superficie, balanceada por un gradiente de concentraciones de oxígeno. La wustita y la magnetita son fases semiconductoras deficientes de cationes, por lo que se deduce que la especie que difunde es el hierro, mientras que la hematita es un semiconductor deficiente de aniones, concluyendo por tanto que el oxígeno es la especie que difunde[59].

En atmósferas de bajo potencial de oxígeno la cantidad de iones de oxígeno absorbidos por la red cristalina en la superficie de metal es reducida, debido a que

[58] Ibid., p. 46 .
[59] Ibid., p. 47.

la velocidad de absorción de oxígeno dentro de la capa será lenta en comparación con el arribo de los iones de hierro a la superficie de dicha capa. La velocidad del crecimiento de la capa es proporcional al tiempo e independiente del espesor de la misma cuando la reacción de absorción de oxígeno en la frontera es el mecanismo controlante; a este tipo de crecimiento se le llama oxidación lineal y se presenta comúnmente en atmósferas de CO_2; la magnetita y hematita no se presentan en este tipo de crecimiento[60].

A medida que la capa de óxido aumenta, la cantidad de hierro en la superficie disminuye, por lo que la reacción en la superficie disminuye, esto hace que el crecimiento de la capa sea parabólico y no lineal. La diferencia entre la velocidad de oxidación entre el vapor de agua y el CO_2, sugiere que el mecanismo controlante depende de la composición de la atmósfera. Lo anterior es debido a una menor incorporación de oxígeno en la superficie, en la que la energía de disociación de las moléculas de gas juega un papel importante; en este caso, más iones de oxígeno proporcionan las atmósferas de vapor que las atmósferas de CO_2[61].

2.3.5 Propiedades térmicas de los óxidos. Algunos investigadores[62] [63] han reportado los valores de la conductividad térmica para los tres tipos de óxidos, los cuales se pueden visualizar en la figura 7, aclarando que la exactitud en los valores correspondientes a wustita y magnetita es baja por la inestabilidad presentada en esas fases, debido a que es necesario evitar la transformación del óxido controlando la atmósfera, hecho que altera la transferencia de calor.

Es claro térmicamente, que el compuesto que presenta mejores propiedades para transmitir el calor es la wustita con aproximadamente el doble de capacidad de conducción térmica, comparado con la hematita y la magnetita; sin embargo, los tres óxidos de hierro se pueden considerar no conductores del calor comparados con materiales como los metales, los cuales alcanzan valores de hasta 300 o 400 W/m.K para el oro o la plata respectivamente.

2.3.6 Reacciones químicas de los óxidos de hierro en captura del CO_2. El objetivo de esta investigación es demostrar que los óxidos de hierro pueden ser utilizados para captura del CO_2, debido a su accesibilidad, termodinámica favorable y baja degradación en la capacidad de absorción, como ya se mencionó. Para ello se presentan las posibles reacciones químicas que se pueden generar tanto en carbonatación como en calcinación.

---

[60] SACHS, K y TUCK, W. Iron in the inst. *publication 11*, 1968. London.
[61] Ibid., p. 49.
[62] TORRES, M, Op. cit. p. 54.
[63] SLOWIK, J *et al*. En: Steel Research,1990. vol. 7, p. 302.

Una de las posibles reacciones químicas en carbonatación, en las condiciones adecuadas de presión y temperatura es:

$$FeO\ (s) + CO_2(g) \leftrightarrow FeCO_3(s) \qquad (1)$$

Figura 7. Conductividades térmicas de tres óxidos de hierro.

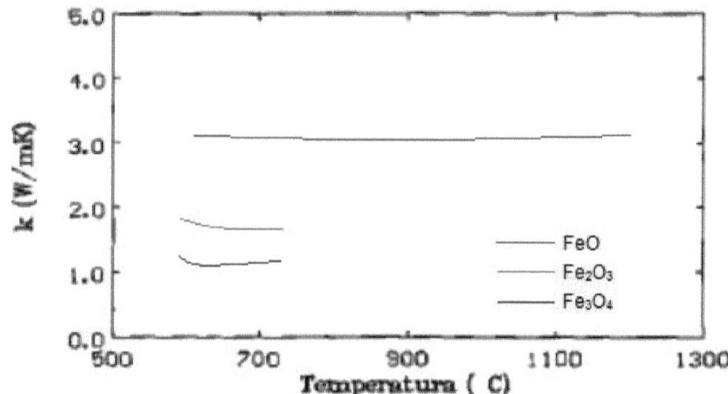

Fuente. Torres, M. Crecimiento y deformación del óxido durante la laminación en caliente de aceros de bajo carbono.

En la reacción (1) siderita $FeCO_3$ puede ser obtenida, indicando que dióxido de carbono es capturado formando este compuesto. Un factor importante para la reacción de carbonatación, es decir de consecución de siderita, es la presencia de agua; algunas investigaciones han soportado esta premisa, y han encontrado que el agua actúa como un catalizador, mejorando las limitaciones cinéticas [64] [65] [66]. La capacidad de absorción del CO_2 de los óxidos metálicos se incrementa significativamente en presencia de vapor de agua; es decir que bajo condiciones húmedas los óxidos metálicos aseguran el CO_2 y lo convierten en forma de carbonatos. Según lo reportado por Fagerlund[67] el mecanismo para carbonatación en presencia de vapor de agua podría ser:

---

[64] HASSANZADEH, A y ABBASIAN, J. Regenerable MgO-based sorbents for high-temperature CO2 removal from syngas: 1. sorbent development, evaluation, and reaction modeling. En: Fuel,2010. vol. 89, p. 1287-1297.

[65] KATO, Y; YAMASHITA, N y KOBAYASHI, K. Kinetic study of the hydration of magnesium oxide for a chemical heat pump. En: Appl. Therm. Eng, 1996. vol. 16, p . 853-862.

[66] LIU, C y SHIH, S. Kinetics of the reaction of iron blast furnace slag/hydrated lime sorbents with SO2 at low temperatures: effects of the presence of CO2, O2, and NOX. En: Ind. Eng. Chem. Res, 2009 vol. 48, p. 8335-8340.

[67] FAGERLUND, J; HIGHFIELD, J y ZEVENHOVEN, J. Kinetics studies on wet and dry gas-solid carbonation of MgO and Mg(OH)2 for CO2 sequestration. En: RSC Adv,2012. vol. 2. p. 10380-10383.

$$FeO + H_2O \rightarrow FeO.H_2O^* \quad (2)$$

$$FeO.H_2O^* + CO_2 \rightarrow FeCO_3 + H_2O \quad (3)$$

$$FeO + CO_2 \rightarrow FeCO_3 \quad (4)$$

Un reciente estudio utiliza la técnica de captura de CO_2 produciendo gas hidrógeno, usando materiales a base de mineral de hierro, disponible en lugares de procesamiento del mismo en Estados Unidos. La reacción que sucede es:

$$Fe_3O_4(s) + Fe(s) + 4CO_2(g) \rightarrow 4FeCO_3(s) \quad (5)$$

En esta reacción, una mezcla de magnetita e hierro, combinada con CO_2, forman siderita. La reacción genera calor y en un proceso industrial real podría ser utilizado para generar vapor. Si se desea, la siderita formada puede ser descompuesta nuevamente a magnetita en presencia de oxígeno a cerca de 350°C,[68] así:

$$3FeCO_3(s) + 0.5\,O_2(g) \rightarrow Fe_3O_4(s) + 3CO_2(g) \quad (6)$$

En fábricas de producción de acero se requieren grandes cantidades de combustibles sólidos; en promedio, en el mundo por cada tonelada de producción de acero se emiten 2,2 toneladas de CO_2; por lo anterior, la industria del procesamiento del hierro es una de las más grandes fuentes de CO_2 de emisión de gases de efecto invernadero[69]. Como se puede apreciar, los resultados reportados en la literatura muestran que el estudio de captura de CO_2 utilizando óxidos de hierro esta apenas en proceso de maduración, y que se hace urgente realizar estudios más rigurosos que incluyan la utilización de otros óxidos de hierro y que permitan eficientemente mejorar los niveles de captura encontrados.

Otros posibles sistemas que permiten capturar CO_2 utilizando óxidos de hierro así como hierro metálico y grafito como agentes reductores son:

$$2Fe_3O_4(s) + C(s) + 5CO_2(g) \rightarrow 6FeCO_3(s) \quad (7)$$

$$Fe_2O_3(s) + Fe(s) + 3CO_2(g) \rightarrow 3FeCO_3(s) \quad (8)$$

$$2Fe_2O_3(s) + C(s) + 3CO_2(g) \rightarrow 4FeCO_3(s) \quad (9)$$

---

[68] KUMAR, Sushant y SAXENA, Surendra. A comparative study of CO2 sorption properties for different oxides. Op. cit. p. 17.

[69] Ibid., p. 18

Además del sistema expuesto en la ecuación (6), es posible calcinar la siderita en una atmósfera inerte, de acuerdo con los siguientes sistemas:

$$6FeCO_3(s) \rightarrow 2Fe_3O_4(s) + C(s) + 5CO_2(g) \quad (10)$$

$$4FeCO_3(s) \rightarrow Fe_3O_4(s) + Fe(s) + 4CO_2(g) \quad (11)$$

Recuperar los óxidos de acuerdo con los sistemas (10) y (11) trae la ventaja de que los agentes reductores hierro metálico y grafito ya están incluidos dentro de los productos de la calcinación, lo que facilitaría la captura de CO_2 en un siguiente ciclo carbonatación- calcinación.

2.4 SISTEMAS ENERGÉTICOS EMPLEADOS PARA CARBONATAR Y CALCINAR

El sistema normalmente empleado y reportado desde la literatura para carbonatar, consta de un reactor hidrotermal, el cual cuenta con aparatos controladores de presión y temperatura, los cuales se ajustan a las condiciones adecuadas. La calcinación se hace típicamente dentro de reactores a presión atmosférica en atmósferas inertes o en aire.

Como uno de los aportes de este trabajo, se presentan dos sistemas energéticos no reportados en la literatura, los cuales han sido utilizados en otro tipo aplicaciones, y que de acuerdo a los resultados generados desde esta investigación, prometen ser posibles soluciones a futuro en lo concerniente a captura de CO_2.

2.4.1 Sistema de plasma en configuración de descarga de barrera de dieléctrico, DBD. También llamada descarga silenciosa, es una tecnología que genera plasma, empleando fuentes de potencia con pulsos de nanosegundos. Además, utiliza una barrera dieléctrica en un espacio que limita la corriente y previene la formación de chispa. Otra ventaja importante con relación a las descargas en CD es, según Figueroa[70], que al utilizar altas frecuencias se promueve la movilidad de electrones con niveles de tensión más bajos.

La DBD usualmente operan a frecuencias de entre 0,05 y 500 kHZ, teniendo numerosas aplicaciones a causa de que operan en condiciones de no equilibrio a presiones atmosféricas para diferentes gases, incluyendo el aire, con niveles de potencias razonables sin tener necesidad de usar fuentes sofisticadas de pulsos de energía. El espacio de descarga en la DBD incluye una o más capas

[70] FIGUEROA, Ángel. Trabajo de grado Maestría en tecnología avanzada. Querétano México .Instituto Politécnico Nacional. 2010.p.32.

dieléctricas, las cuales se colocan dentro de los electrodos metálicos[71]. Dos configuraciones específicas de DBD planar y cilíndrica son ilustradas en la figura 8.

Figura 8. Diferentes configuraciones para DBD. Planar (a), (b), (c), cilíndrica (d).

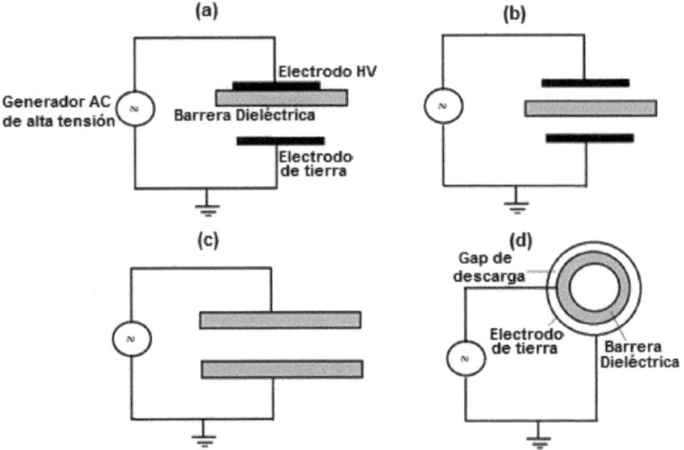

Fuente. Fridman, A. Plasma Chemistry

Las distancias típicas en los espacios de descarga varia de entre 0,1 mm hasta varios centímetros. Si el espacio de la DBD es de unos pocos milímetros, la tensión de manejo en AC requerida con frecuencias de entre 500 Hz a 500 kHz es de aproximadamente 10 kV a presión atmosférica. La barrera dieléctrica puede ser de vidrio, cuarzo o cerámicos.[72] Dentro de las aplicaciones generadas a partir de este arreglo se encuentran, la modificación y tratamiento de superficies, mejorando las propiedades superficiales como la adhesión y humectabilidad de algunos materiales; otro espacio de utilización de esta técnica, es la generación de ozono para purificación de agua, siendo una de las aplicaciones más conocidas; lasers de alta potencia y lámparas especiales han sido desarrolladas a partir de esta técnica, y por último el control de polución que ha permitido tratar gases contaminantes [73].

[71] FRIDMAN, Alexander. Plasma Chemistry. 1 st ed. Cambridge University, 2008. ISBN 978052187353.p.237.

[72] Ibid., p.239

[73] PENETRANTE, B.M. SHULTHEIS, S.E. Non thermal plasma techniques for pollution control. En Series. vol G34. Berlin.1993.

Los sistemas tecnológicos implementados cuentan con fuentes de poder que suministran tensiones de hasta 40kVp-p y frecuencias de hasta 60kHz; adicionalmente cuentan con medidores de flujo de CO_2 y de otros gases involucrados, medidores de altas tensiones y bajas corrientes, así como reactores de diferentes configuraciones, siendo los cilíndricos los más utilizados en configuraciones axiales, utilizando electrodos metálicos de acero inoxidable o cobre[74]. En la figura 9 se puede apreciar esquemáticamente los principales elementos de un sistema para experimentación mediante el arreglo de descarga de barrera de dieléctrico, DBD.

Figura 9. Elementos básicos que conforman el arreglo DBD.

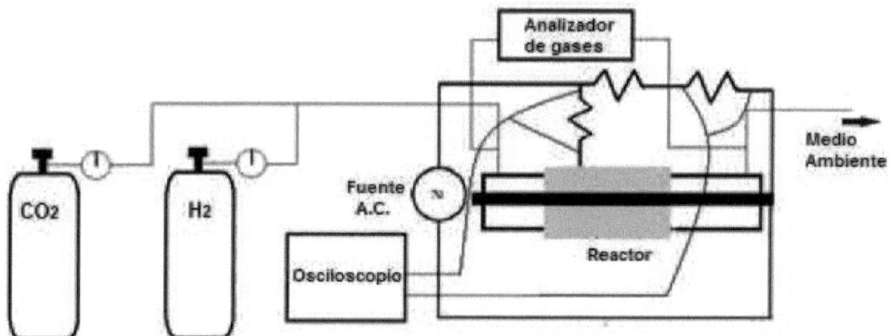

Fuente. Mora, E; Sarmiento, A y Vera, E. Alumina and quartz as dielectrics in a dielectric barrier discharges DBD system for CO_2 hydrogenation.

2.4.2 Sistema de interacción mecánico-químico. Es un tipo de interacción energética que fue observada inicialmente en 1894, dónde la conversión de energía mecánica a energía química fue utilizada para producir reacciones químicas[75]. En la literatura es conocida como síntesis mecánico química. La mayoría de las reacciones de síntesis mecánico química estudiadas han sido reacciones de desplazamiento del tipo:

$$MO + R \rightarrow M + RO \qquad (12)$$

Dónde un óxido metálico MO es reducido por un metal más reactivo o agente reductor, R a un metal puro M. Las reacciones que han sido reportadas en la literatura, son caracterizadas por un gran cambio negativo de energía libre, es

[74] MORA, E; SARMIENTO A y VERA; E. Alumina and quartz as dielectrics in a dielectric barrier discharges DBD system for CO2 hydrogenation. En: Journal of Physics: Conference Series , 2016. Vol 687, p.2.

[75] CARRY, M. Phil Mag 1894;34:470-5.

decir presentan un comportamiento altamente espontáneo, siendo termodinámicamente muy factibles a temperatura ambiente.[76]

La interacción mecánica en este tipo de sistemas, provee la energía necesaria para incrementar la cinética de las reacciones de reducción; esto es a causa de que la repetida acción de fractura y posterior soldada de las partículas de polvo incrementa el área de contacto entre las partículas del material reactante debido a la reducción en el tamaño de la partícula, permitiendo la generación de nuevas superficies de forma repetitiva, facilitando las reacciones; lo anterior permite que la reacción continúe sin tener necesidad de difusión a través de la capa de producto. Como consecuencia, las reacciones que normalmente requieren altas temperaturas, ocurrirán a bajas temperaturas durante la acción mecánica sin necesidad de aplicar calor externo; adicionalmente, las altas densidades de defectos inducidos aceleran los procesos de difusión[77].

Tecnológicamente, se han desarrollado diferentes dispositivos que operan a manera de molinos utilizados principalmente para alear mecánicamente polvos metálicos; entre ellos difieren en su capacidad, la eficiencia de molido y su manera de calentar o enfriar. Molinos agitadores, molinos de bolas planetarios y molinos de rotación horizontal son los más utilizados en aplicaciones industriales, aunque para fines investigativos, los molinos de bolas planetarios han sido los más empleados; en la figura 10(a) se presenta un modelo de máquina de molido mecánico mediante bolas, tipo planetario. Como su nombre lo indica, en este tipo de máquina, los reactores o contenedores giran siguiendo el movimiento de las órbitas de los planetas; los contenedores están sujetos a un disco de soporte giratorio y a un mecanismo mecánico especial que les permite a ellos girar sobre su propio eje. Los contenedores y el disco soporte giran en sentidos contrarios, causando fuerzas centrífugas que actúan en sentidos contrarios también; esto causa que las bolas metálicas choquen a una alta energía dentro del contenedor, como se puede apreciar en la figura 10(b).

El proceso de interacción mecánico-químico es complejo y por lo tanto involucra optimización de un número de variables para lograr las fases de productos deseados o la microestructura deseada[78]. Algunos de los parámetros a tener en cuenta son:

- geometría del contenedor
- velocidad de rotación
- tiempo de reacción
- medio donde se realiza el molido

[76] SURYANARAYANA, C. Mechanical alloying and milling. En: Progress in Materials Science, 2001. vol 46. p. 1-184.
[77] Ibid., p. 128.
[78] Ibid., p. 21.

- relación de peso entre las bolas y el polvo
- espacio de llenado del contenedor
- control de los agentes del proceso y
- temperatura

Figura 10. Máquina para molido mecánico tipo planetario.

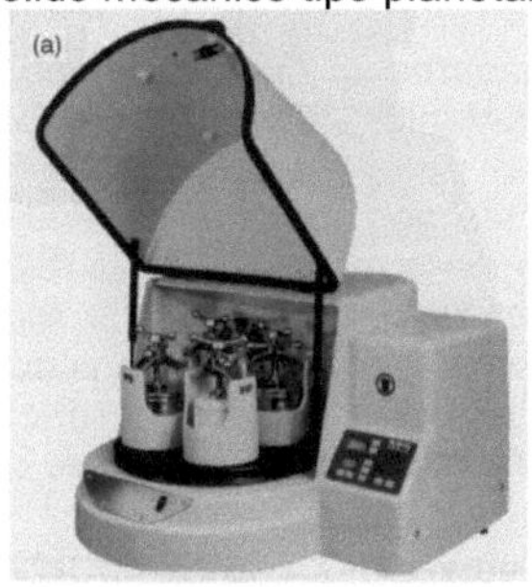

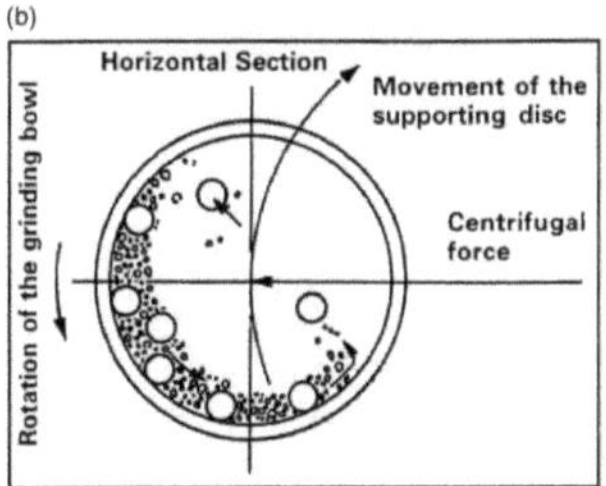

Fuente. Suryanarayana, C. Mechanical alloying and milling.

Las variables enunciadas anteriormente no son completamente independientes. Por ejemplo un tiempo de mezclado adecuado depende del medio donde se realiza el molido, de la temperatura, de la relación de peso entre las bolas y el polvo etc.

El material usado para el contenedor es un importante factor debido al impacto del material de molienda sobre las paredes internas del contenedor, pues algunos materiales pueden desprender algunas partículas, las cuales son incorporadas al polvo, contaminándolo o alterando las condiciones químicas para la reacción; aceros inoxidables o antidesgaste y aceros endurecidos al cromo son los materiales más empleados[79]. Es de suponer que a más rápidas velocidades de rotación más alta será la energía proporcionada al material, pero dependiendo de algunas variables existe cierta limitación sobre la velocidad máxima a ajustar. En una máquina convencional de este tipo, incrementar la velocidad de rotación

[79] DI, LM, BAKKER H. Condens Matter. En: J Phys C, 1991;3:3427-32.

incrementará la velocidad a la cual las bolas se mueven, sin embargo a velocidades superiores a la denominada crítica, las bolas permanecerán en la parte superior del reactor, y por lo tanto no caerán ni ejercerán energía mediante fuerzas de impacto; por lo anterior la velocidad de rotación adecuada es inferior a la velocidad crítica con el fin de que se produzca la máxima energía de colisión[80].

Para algunos investigadores el tiempo de reacción durante la molienda es el parámetro más importante, siendo seleccionado o calculado buscando condiciones intermedias entre los estados de fractura y soldado en frío de las partículas de polvo. Este tiempo varía dependiendo del tipo de máquina para moler, de la intensidad de la molienda, de la relación de peso entre las bolas y el polvo y de la temperatura del material. Es recomendable utilizar el tiempo de molienda adecuado pues un tiempo muy corto no permitiría encontrar las características deseadas en el material, mientras que uno demasiado extenso, generaría contaminación, así como un gasto de energía innecesario[81].

Para encontrar las .condiciones deseadas de molienda, se debe encontrar la densidad en el medio específica para que las bolas generen suficiente fuerza de impacto sobre el polvo; además, es siempre deseable que el material del contenedor sea de la misma naturaleza del polvo a tratar con el fin de evitar contaminación[82 83].

La relación entre el peso de las bolas, y el polvo RBP algunas veces llamado relación de la carga, es un parámetro importante también. Los investigadores han reportado valores desde 1:1 hasta 220:1[84]. En términos generales la proporción más frecuentemente usada es 10:1. Esta proporción tiene un efecto significante sobre el tiempo de molienda; si la RBP, es más grande, el tiempo de molienda requerido se hace menor[85]. Así mismo, el espacio de llenado del contenedor influencia el éxito del molido, pues si no es suficiente, las bolas no se podrán mover libremente dentro del reactor limitando la fuerza de impacto sobre el material.

Por último y no menos importante, se encuentra la temperatura como factor que afecta los productos encontrados en reacciones logradas mediante interacción mecánico-química. La difusión afecta en gran medida el tratamiento de aleado de metales, por tanto la temperatura juega un papel fundamental. Sin embargo, en trabajos que involucran el molido mecánico, solamente unos pocos investigadores han reportado que la temperatura varió en forma importante; es más, en la

---

[80] SURYANARAYANA. Op. cit., p. 22.
[81] SURYANARAYANA. Op. cit., p. 23.
[82] SURYANARAYANA. Op. cit., p. 24.
[83] SURYANARAYANA, C. Intermetallics, 1995; 3:153-60.
[84] KIS, V y BEKE, DL. Mater Sci Forum, 1996; 225-227:465-70.
[85] CALKA, A y WILLIAMS JS. Mater Sci Forum 1992;88-90:787-94.

mayoría de trabajos se considera la temperatura ambiental, como la temperatura asumida en el proceso de molido mecánico. En los casos en que se requiere temperaturas superiores a la del ambiente, se utiliza una fuente de calor externa, y en caso contrario es decir temperaturas inferiores, se acude a atmósferas como la del nitrógeno[86].

2.5 SOFTWARE PARA GENERACIÓN DE SIMULACIONES TERMODINÁMICAS

Con el fin de realizar una experimentación expedita, se identificaron las condiciones aproximadas para lograr carbonatación y calcinación, así como los límites de estabilidad del material carbonatado, utilizando el software FactSage, el cual permite generar simulaciones de los diferentes sistemas químicos a diferentes condiciones. Este software no libre, fue presentado en el año 2001; consiste en una serie de información, bases de datos, cálculos y módulos de manipulación que posibilitan simular reacciones químicas principalmente para sustancias puras. Con el uso de varios módulos, se puede ejecutar una amplia variedad de cálculos termodinámicos, generando tablas, gráficas y figuras, útiles en diferentes ámbitos del conocimiento como las ciencias básicas o la ingeniería[87].

En términos generales, el software cuenta con diferentes bases de datos para reconocer compuestos en diferentes fases, sustancias puras, compuestos intermetálicos, fases de multicomponentes no ideales y soluciones aleadas. Los módulos de cálculo permiten a través de las bases de datos y del mismo software, calcular el equilibrio termodinámico de varias maneras. Estos módulos están compuestos en primera instancia por el de reacción el cual calcula cambios en propiedades termoquímicas extensivas como la entalpía H, la energía libre de Gibbs G, el volumen V, o la entropía; el módulo de predominancia permite calcular y graficar diagramas de predominancia isoterma para uno, dos o tres sistemas metálicos usando datos recuperados desde las bases de datos de compuestos; el módulo de equilibrio se encarga de minimizar la energía de Gibbs, calculando las concentraciones de especies químicas cuando reaccionan parcialmente alcanzando el equilibrio químico; finalmente mediante le módulo de diagramas de fase es posible calcular y graficar secciones de diagramas de fase unarios, binarios, ternarios así como de fases multicomponentes donde los ejes pueden ser combinaciones de temperatura, presión, volumen, composición, actividad, o potencial químico.[88] En figura 11 se puede apreciar la ventana principal del software FactSage versión 6.1, en la cual se ilustran los links donde es posible acceder a los módulos más usados, el de reacción y el de equilibrio.

---

[86] SURYANARAYANA. Mechanical alloying and milling. Op. cit., p. 22

[87] BALE, C; *et al.* FactSage Thermochemical Software and Databases. En: Calphad, 2002.Vol. 26, No. 2, p. 189-228.

[88] Ibid., p.190

Figura 11. Ventana principal del software FactSage.

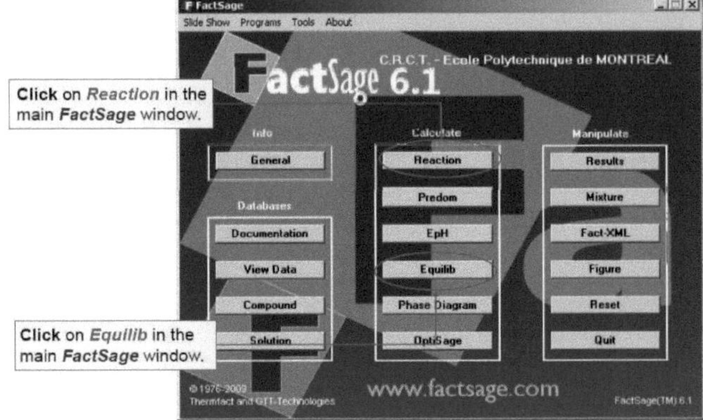

Fuente. BALE, C. FactSage thermochemical software and databases.

Una vez se accede al link de reacción, se muestran los espacios dónde se puede introducir la información correspondiente a reactivos y productos; la figura 12 ilustra la manera de adjuntar la información para simular una reacción isoterma en la oxidación del cobre.

Figura 12. Ventana para introducir información en el módulo reacción.

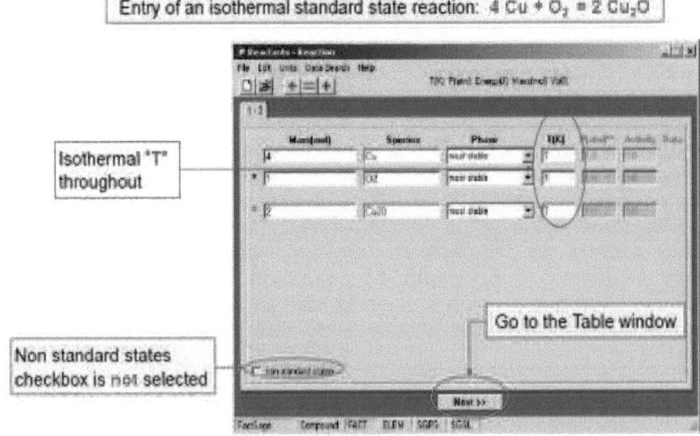

Fuente. BALE, C. FactSage thermochemical software and databases.

Si las condiciones en la reacción corresponden a estado no estándar, es necesario introducir la información de los valores para las nuevas presiones y temperaturas así como las respectivas actividades, si es del caso.

A partir de la información ingresada, el software usa las bases de datos que aplican a la reacción de oxidación del cobre, arrojando diferentes datos correspondientes a las variables termodinámicas involucradas como cambios de entalpía, energía libre de Gibbs, entropía, calor específico a presión constante etc, según lo muestra la figura 13.

Figura 13. Resultados de la simulación de una reacción isoterma en la oxidación del cobre.

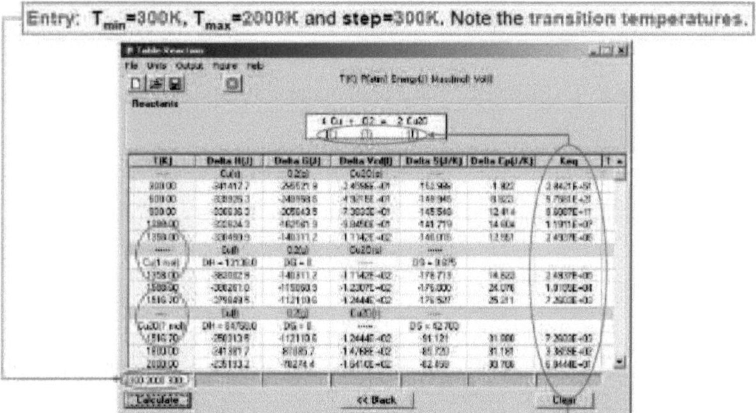

Fuente. BALE, C. FactSage thermochemical software and databases.

En cuanto al análisis de reacciones químicas en el equilibrio, el módulo ofrece un entorno amigable y fácil de trabajar; en la figura 14 se presentan las ventanas para ingreso de la información de los sistemas químicos involucrados.

Después de ingresar la información respecto de los reactantes, seleccionar los estados en los productos y definir las condiciones finales de presión y temperatura, el software finalmente arrojará información como la que se presenta en la figura 15; cantidad de reactantes, cantidad de productos en estado gaseoso con sus respectivas fugacidades, cantidad de productos en estado sólido, y los valores de propiedades termodinámicas extensivas como cambios de entalpía, de energía libre de Gibbs, de entropía, de calor específico y de volumen específico permiten inferir todo los necesario para concluir si la reacción es termodinámicamente favorable.

Figura 14. Entorno para ingreso de información, en el módulo equilibrio

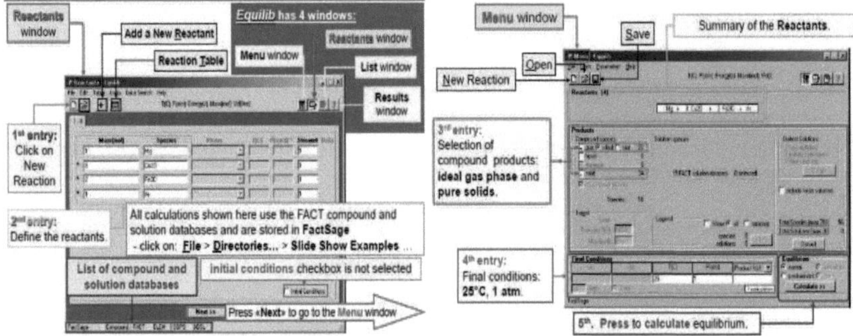

Fuente. BALE, C. FactSage thermochemical software and databases.

Figura 15. Resultados obtenidos en la simulación desde el módulo equilibrio

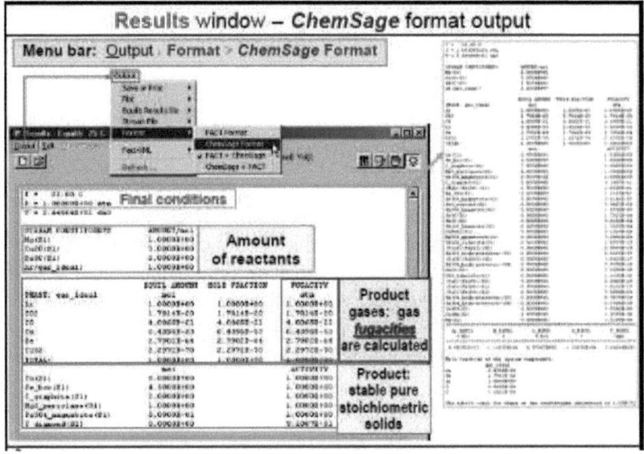

Fuente. BALE, C. FactSage thermochemical software and databases.

3. DISEÑO METODOLÓGICO

De acuerdo con la hipótesis que se plantea para este trabajo de investigación, *"El dióxido de carbono CO_2 puede ser capturado eficiente y razonablemente a escala de laboratorio usando óxidos y mineral de hierro"*, se realizaron las actividades que se presentan en las figura 16, las cuales ilustran los pasos a seguir en los procesos de carbonatación y calcinación, con el fin de que el material pueda incluso ser usado en diferentes ciclos carbonatación-calcinación.

Figura 16. Diagrama esquemático de las actividades realizadas durante la investigación.

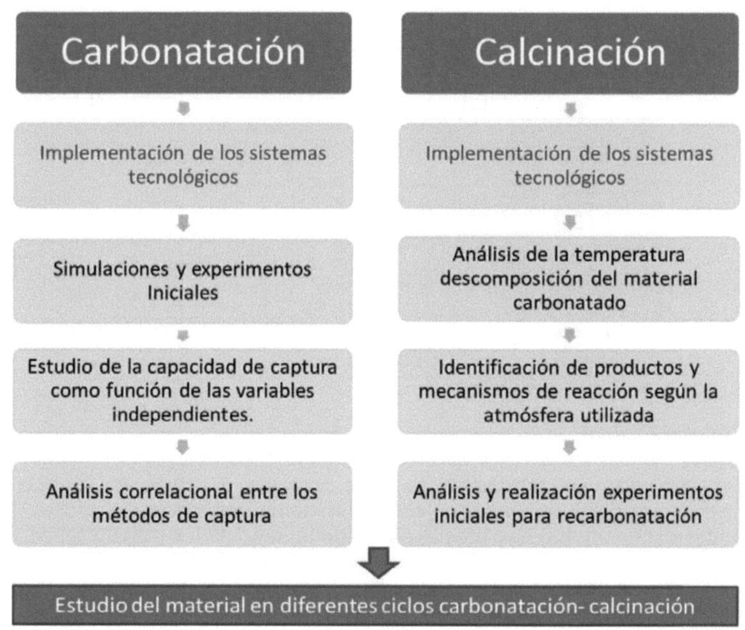

Fuente: El autor

De acuerdo con lo anterior, a continuación se dará una explicación de los sistemas tecnológicos implementados y utilizados en los procesos de carbonatación, calcinación y el de reciclabilidad o de uso del material en varios ciclos.

3.1 SISTEMAS TECNOLÓGICOS UTILIZADOS PARA CARBONATAR Y CALCINAR

Para la realización de los experimentos en general, fue necesario utilizar varios sistemas tecnológicos; un sistema cerrado más conocido como hidrotermal, el de interacción mecánico químico, el sistema de plasma en arreglo DBD o de descargas de barrera de dieléctrico y el sistema de vacío.

3.1.1 Sistema Hidrotermal. Mediante esta vía, la carbonatación es lograda en un sistema cerrado, el cual se ilustra pictórica y esquemáticamente en la figura 17 (a) y 17(b) respectivamente; el sistema está compuesto por subsistemas de control y medición de temperatura y presión, un subsistema de alimentación de gas y un reactor cilíndrico.

Figura 17. Sistema para carbonatación hidrotermal

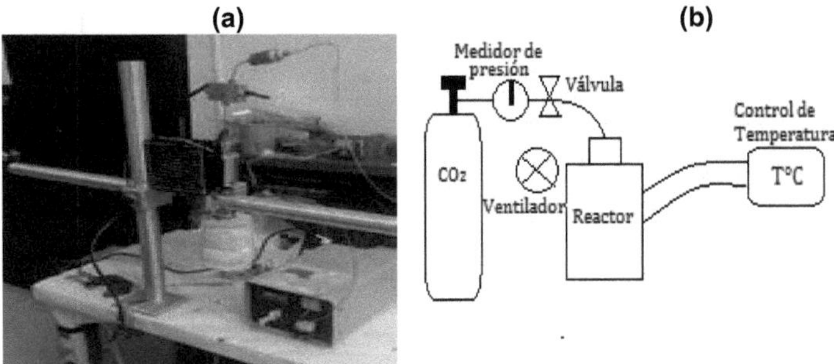

Fuente. El autor

De acuerdo con el diseño de este sistema y mediante el ajuste en su instrumentación, es posible conseguir temperaturas que oscilan desde la ambiental hasta 400°C y presiones desde la atmosférica hasta 200bar. Durante la operación, y antes de la carbonatación, el aire dentro del reactor es extraído mediante la entrada de CO_2 controlado desde la válvula de dos vías; adicionalmente se adaptó un ventilador con el fin de controlar el excesivo calor en la tapa del reactor, el cual puede averiar el o-ring que impide la salida de gas. Se carbonataron mediante este mecanismo, muestras de material sólido de entre 0,2 y 0,4g.

3.1.2 Sistema de descarga de barrera de dieléctrico. Como uno de los aportes del presente trabajo de investigación, se propone el plasma dentro de un arreglo de descarga de barrera de dieléctrico como una tecnología alternativa a ser usada en la captura de CO_2. Acá se estudió el comportamiento del plasma generado, tanto para carbonatar como para calcinar. En el diagrama de la figura 18(a) se muestra el plasma generado entre los dieléctricos y en la 18(b) las partes del sistema en forma esquemática.

Figura 18. Sistema de plasma en arreglo de descarga de barrera de dieléctrico

(a)

(b)

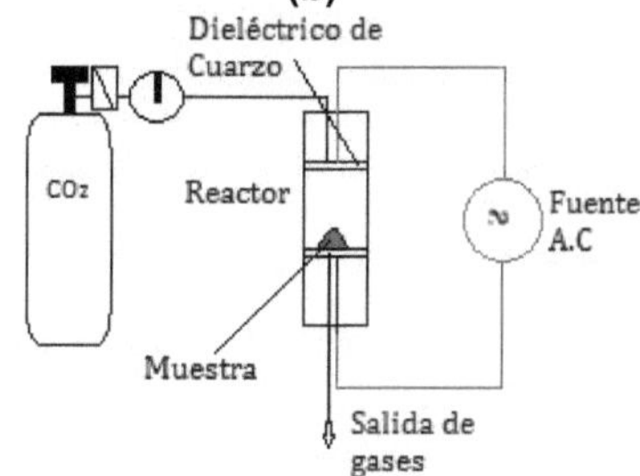

Fuente. El autor

Dentro de las partes se identifican, el reactor, y los subsistemas de suministro de potencia eléctrica y el de medición y alimentación de gases. El reactor cilíndrico fue formado desde un tubo exterior en cuarzo, debido a que este material soporta altas temperaturas y además permite visualizar lo que ocurre internamente; fue diseñado y construido el reactor de tal manera, que la muestra pudiese alojarse en un compartimiento planar a fin de que la descarga pueda ejercerse homogéneamente sobre ella, lo que hubiese sido limitado dentro de una superficie cilíndrica. Este elemento utiliza láminas de cuarzo en forma de disco como material dieléctrico. Otra ventaja importante del diseño del reactor radica en que es posible variar el volumen de descarga debido a que, los aditamentos sobre los que se colocan los dieléctricos, son móviles. Para este reactor, de acuerdo a las dimensiones finales de los elementos que lo componen, se consigue un volumen en la descarga que alcanza 5,65 cm^3, el cual es adecuado y suficiente para establecer una descarga estable, sometiendo a descargas, muestras de entre 0,2 y 0,4g; el volumen de descarga Vd se puede calcular como sigue:

$$Vd = Area\ de\ descarga * Longitud\ máxima\ de\ descarga \tag{12}$$
$$Vd = \pi * (10mm)^2 * 18mm \tag{13}$$
$$Vd = 5655\ mm^3 \tag{14}$$

El subsistema de suministro de potencia eléctrica se compone principalmente de la fuente de poder eléctrica y de los instrumentos de medición de variables eléctricas, en este caso el medidor de potencia activa. Para la obtención de

plasma estable con las descargas de barrera dieléctrica se necesita generar señales de alta tensión, desde una adecuada fuente de poder.
Algunas investigaciones relacionadas con el tratamiento de gases usando DBD como las de Kyung,[89] Indarto[90], y Mora[91] utilizaron fuentes de poder cuyas tensiones variaron entre 10 y 30 kv y frecuencias de entre 6 y 30 kHz; La fuente seleccionada es la PWM500/DRIVE10 de la compañía Estadounidense Informatión Unlimited la cual está diseñada para alimentar sistemas de generación de plasma con tecnologías de descarga de barrera dieléctrica y de efecto corona, previendo cargas capacitivas de hasta 1µF; la fuente hace uso de un controlador de alta frecuencia permitiendo al usuario adecuar cargas capacitivas en el rango de 5 pF hasta 1µF. Esta fuente maneja tensiones que van desde 0 a 40 kV pico a pico pudiéndose fijar estas a través de una perilla que maneja un variac, el cual gira barriendo un rango de 0 a 100 divisiones; las frecuencias se pueden ajustar entre valores de 20 a 60 kHz por medio de un potenciómetro. En la figura 19 se muestran tanto a vista frontal como la superior de la fuente de poder utilizada.

Figura 19. Fuente de poder utilizada

Fuente. El autor.

Para cuantificar el consumo total de la potencia eléctrica activa se utilizó un medidor digital INTERTEK GS CAT II, el cual maneja un rango de potencia de 0 a 1800 W. En la figura 20 se muestran dos vistas de este instrumento, el cual maneja dos conectores, uno en la parte posterior (macho) que lo acopla a la red de alimentación monofásica, y otro en la parte frontal (hembra), que permite la conexión del cable de alimentación de la fuente de poder.

[89] KYUNG, T y GYU, W. Reaction between methane and carbon dioxide to produce syngas in dielectric barrier discharge system. En: Journal of Industrial and Engineering Chemistry, 2012. Vol18. p. 1711.

[90] INDARTO, A. Hydrogen production from methane in a dielectric barrier discharge using oxide zinc and chromium as catalyst. En Journal of the Chinese Institute of Chemical Engineers, 2012, vol. 39, p. 23-28.

[91] MORA. Op. cit., p. 3.

Figura 20. Medidor de potencia eléctrica

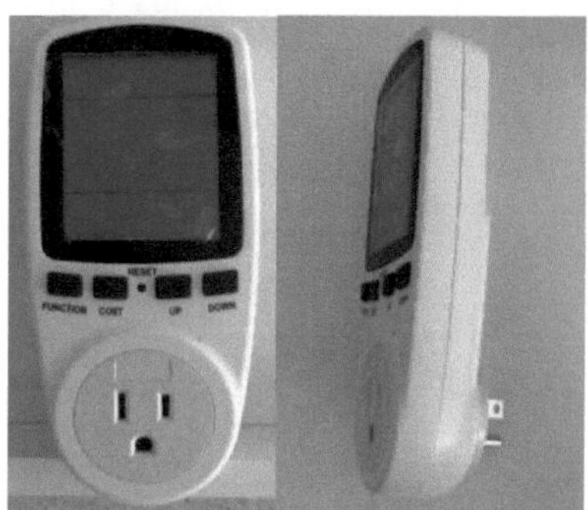

Fuente. El autor.

Adicionalmente, se implementó un sistema de medición y alimentación de gases. Para suministrar el gas de estudio al reactor se utilizó una línea de alimentación proveniente del cilindro de CO_2; se adaptó un regulador de presión convencional y un medidor electrónico de flujo de gas, en este caso el FMA-A2301 del fabricante OMEGA; en la figura 21(a) se muestra el medidor de flujo utilizado y en la 21(b) regulador.

Figura 21. Instrumentos utilizados en el sistema de alimentación de gases.

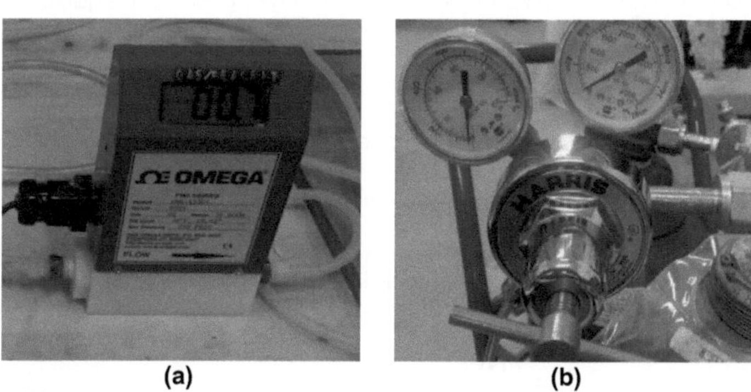

(a) **(b)**

Fuente. El autor

3.1.3 Sistema de interacción mecánico-químico. La interacción mecánico química es una vía para carbonatación descubierta durante la ejecución del presente trabajo de investigación. El sistema utiliza un mecanismo giratorio del tipo planetario...véase el numeral 2.4.2..., el cual sostiene a un reactor dentro del cual se alojan bolas para mezclado y los materiales en reacción, es decir el CO_2 inyectado a diferentes presiones, los óxidos o minerales de hierro, el agente reductor y el agente acelerante, si aplica. La máquina usada para generar movimiento giratorio es la RETSCH PM 100, (ver figura 22) la cual permite variar la velocidad de giro desde 0 a 650 rpm, manejando relación de velocidades plato-reactor de 1: - 2.

Figura 22. Máquina utilizada para carbonatación mediante interacción mecánico-química.

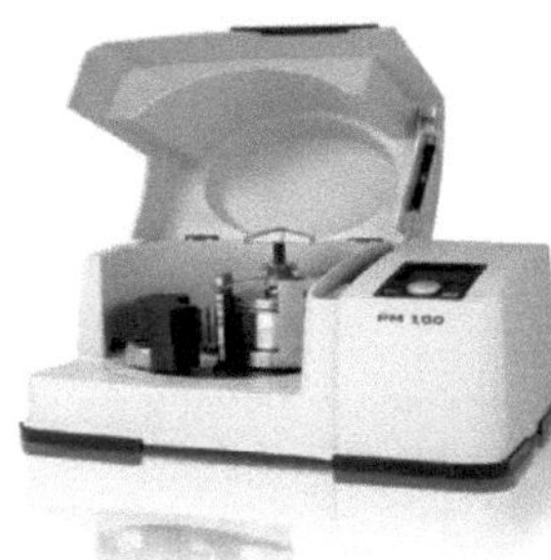

Fuente. Manual de usuario Retsch, solutions in milling and sieving.

El reactor diseñado e implementado para esta aplicación, cuenta con un orificio pasante el cual es utilizado para inyectar el gas desde un regulador previamente ajustado a la presión de trabajo; en el anexo A se puede apreciar el plano general de diseño del reactor. Con el fin de poder contener el gas dentro del reactor se maquinó una ranura sobre la que se adaptó un o ring; una vez se ha conseguido presión estable dentro del reactor, la tapa sobre la que está el o ring se desplaza hasta que toque firmemente la base, utilizando una máquina hidráulica; en la figura 23(a) se aprecia el reactor y sus conectores y en la figura 23(b) se ilustra el reactor en el momento la inyección del gas.

La presión final dentro del reactor se calcula a partir de la presión inicial y de la geometría del reactor de acuerdo a la ley de gases ideales, teniendo en cuenta que no existe variación de la masa ni de la temperatura, así:

$$Pf = \frac{Pi * Vi}{Vf} \tag{15}$$

Dónde:

Pf : *Presión final en el reactor*
Pi : *Presión inicial en el reactor*

Vi : $Volumen\ inicial\ de\ la\ cámara$
Vf : $Volumen\ final\ de\ la\ cámara$

Figura 23. Reactor para interacción mecánico-química.

Fuente. El autor

3.1.4 Sistema para calcinación al vacío. Para descomponer el hierro carbonatado en una atmósfera al vacío fueron usados el reactor cerrado, y el subsistema de control de temperatura del sistema empleado para carbonatación hidrotermal; a este arreglo fue adaptado una bomba de vacío; este dispositivo fabricado por Franklin Electric MOD 1101006418 opera nominalmente a 0,5 HP y 1725 rpm. En la figura 24 se muestra la bomba utilizada para calcinación al vacío.

Figura 24. Bomba usada en el sistema de calcinación por vacío

Fuente. El autor

3.1.5 Calcinación a presión atmosférica y gas de arrastre. La descomposición del material carbonatado usando este sistema empleó un horno, el cual opera a la temperatura deseada mediante un controlador; también se utiliza un tubo de cuarzo alojado dentro del horno en el que introduce un crisol con la muestra a descomponer; a este tubo se le instaló un adaptador para inyección del gas de arrastre que puede ser argón; el flujo del gas puede ser medido y ajustado mediante un rotámetro; en este sistema también es posible descomponer las muestras a condiciones ambientales, es decir en atmósfera de aire. En la figura 25 se ilustra este sistema.

Figura 25. Sistema usado para calcinación a presión atmosférica y gas

Fuente. El autor

3.2 CARACTERÍSTICAS DE LOS MATERIALES INICIALMENTE UTILIZADOS

En las reacciones iniciales de carbonatación se utilizaron, gas CO_2, óxidos de hierro y agentes reductores. El gas CO_2 de alta pureza corresponde con Airgas 99.999%. Los óxidos de hierro de alta pureza utilizados como sorbentes fueron magnetita y hematita. Magnetita (Alfa Aesar, nanopowder, 97%), obtenida como combinación simple de wüstita FeO y hematita Fe_2O_3 así como hematita (99,945% metal basis) fueron los materiales seleccionados. Los agentes reductores utilizados son, hierro metálico (Good Fellow, 99% purity, <60 mm) y grafito (Alfa Aesar, CD Graphite powder, crystalline, 325 mesh, 99%).

3.3 TECNICAS EXPERIMENTALES PARA ANÁLISIS DE LOS RESULTADOS

En este apartado se realiza una descripción y se presentan las principales características de las técnicas experimentales utilizadas como soporte para el análisis de los resultados.

3.3.1 Difracción de rayos X. La difracción de rayos X para muestras en polvo, es una técnica no destructiva la cual fue utilizada para identificar la composición química y determinar la estructura cristalina del material.

La máquina de difracción utilizada, genera los rayos X a partir de un tubo donde las ondas electromagnéticas son producidas desde el impacto de electrones de alta energía con un blanco metálico, en este caso molibdeno. Este tipo de fuentes convencionales normalmente tienen baja eficiencia, debido a los altos índices de pérdidas por calor generados desde la alta energía cinética de los electrones acelerados; es por ello que estos dispositivos deben ser continuamente enfriados.

La configuración de la máquina utilizada obedece a un sistema de rayos x Bruker-GADDS/D8 con ánodo rotativo de molibdeno MAcSci (λ=0,71073 Å) y detector Apex Smart CCD. La tensión y corriente nominales en el filamento son de 50kV y 20mA respectivamente; el tiempo total de colección es de 1200s. La máquina es mostrada en la figura 26.

Figura 26. Máquina de difracción de rayos x usada en la experimentación

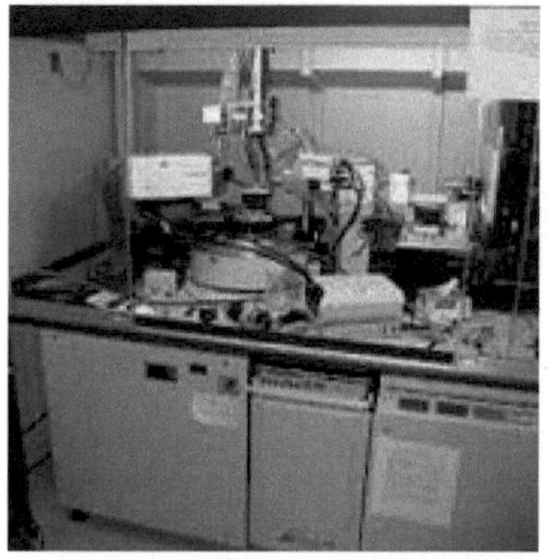

Fuente. Manuales técnicos CEsMeC. Center for study of matter at extreme conditions. Florida International University, Miami, Florida, Estados Unidos.

Los patrones generados se analizan desde los archivos de difracción en polvo (PDF) reconocidos por el Joint Committee on Powder Diffraction Standards (JCPDS) los cuales son procesados en el software Match versión 2.1. Esta información es posteriormente utilizada en el software GSAS. A partir de los resultados de los refinamientos Rietveld procesados en GSAS, se calcula la capacidad de captura del CO_2 por parte de los óxidos y mineral de hierro.

3.3.2 Espectroscopia Raman. Mediante esta técnica, la muestra es irradiada por un rayo láser intenso en la región ultravioleta visible, de frecuencia ν_o, siendo dispersada principalmente en dos rayos perpendiculares al rayo incidente. Uno de los rayos dispersados es fuerte y tiene la misma frecuencia del rayo incidente (ν_o) y el otro rayo es débil, aproximadamente 10^{-5} del rayo incidente; este rayo es conocido como dispersión Raman y tiene una frecuencia $\pm\nu_m$, siendo correspondiente con la naturaleza química y el estado físico de la muestra. El cambio de frecuencia sea positivo o negativo (Anti-Stokes y Stokes, respectivamente) sugiere que la energía en forma de fonones es depositada en la muestra. De acuerdo con el proceso general que se aprecia en la figura 27, el rayo láser es procesado por filtros, rejillas y espejos con el fin de conseguir el rayo idóneo que impactará la muestra, el cual normalmente es monocromático. Finalmente el rayo retro dispersado es dirigido al espectrógrafo, pasando primero por el filtro holográfico, encargado de adquirir el espectro Raman. El detector CCD lee una señal como función de la posición, y el software Andor instalado en un computador convierte la información longitud de onda-intensidad a inverso de la frecuencia-intensidad.

Figura 27. Tratamiento del rayo láser en espectroscopia Raman

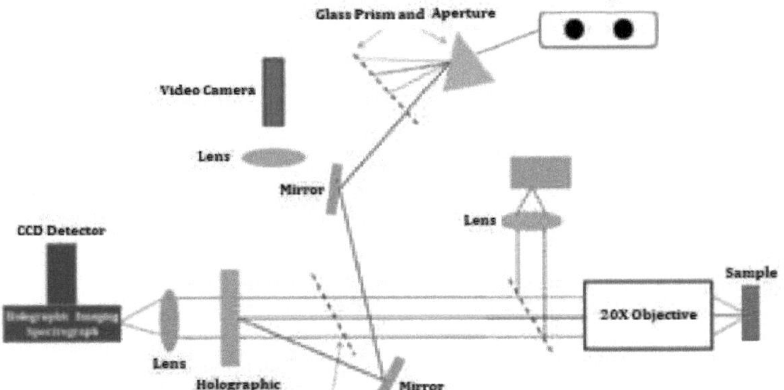

Fuente. Manuales técnicos CEsMeC. Center for study of matter at extreme conditions. Florida International University, Miami, Florida, Estados Unidos.

El equipo empleado del cual se muestra una imagen en la figura 28, usa un sistema láser de ión argón (Ar^+) (Spectra Physics, model 177G02) de λ = 514.5 nm. El espectro retro dispersado es capturado por un espectrógrafo de imagen holográfica (Kaiser Optical Systems, model HoloSpec *f*/1.8i), con rejilla de transmisión de volumen, filtros y detector CCD enfriado termoeléctrico de acuerdo a Andor Technology. El diámetro del haz laser es aproximadamente 5 µm. El sistema de espectrómetro Raman tiene una resolución espectral de $4cm^{-1}$ y el espectro es recogido después de un tiempo de exposición de 600s.

Figura 28. Equipo usado para espectroscopia Raman

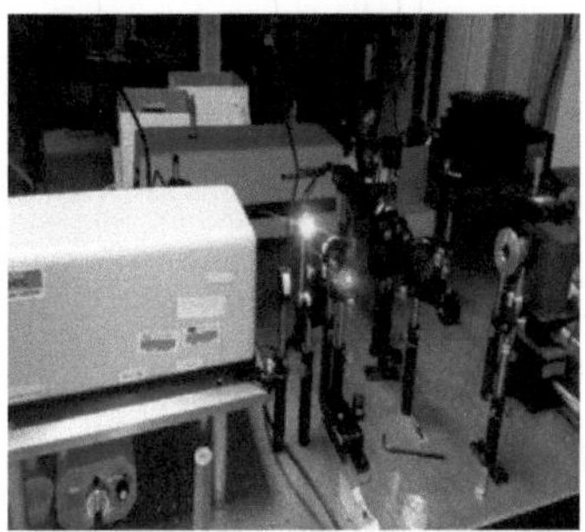

Fuente. Manuales técnicos CEsMeC. Center for study of matter at extreme conditions. Florida International University, Miami, Florida, Estados Unidos.

3.3.3 Microscopía Electrónica de Barrido. Esta técnica fue utilizada para identificar la morfología superficial de los reactantes antes y después de las reacciones químicas. El microscopio SEM, JEOL JSM-6330F se empleó para estudiar morfológicamente las partículas de polvo. Este equipo emplea ultra alto vacío con una fuente de emisión de electrón de campo frío y brillo incrementado. Opera con voltajes que van desde 0.5 a 30kV y magnificaciones de hasta 500K con resolución de 2nm. El sistema usa detectores para retro dispersión de estado sólido pudiendo almacenar imágenes digitalmente. En la figura 29 se puede apreciar el equipo.

3.3.4 Termogravimetría TG y Calorimetría diferencial de barrido DSC. El análisis termo gravimétrico es una técnica para medir con gran exactitud la razón de cambio de masa en una muestra como una función de la temperatura en una atmósfera controlada[92]. Es usada para estudiar materiales que varían su masa al calentarlos debido a descomposición, oxidación o deshidratación. Una buena eficiencia del análisis termo gravimétrico implica tener precisión en la medida del peso de la muestra, en la temperatura y en el cambio de temperatura.

[92] D. Clement, Inorganic Thermogravimetric Analysis, Elsevier, 1963. New York, 2nd ed.

Figura 29. Microscopio electrónico de barrido JEOL JSM-6330F

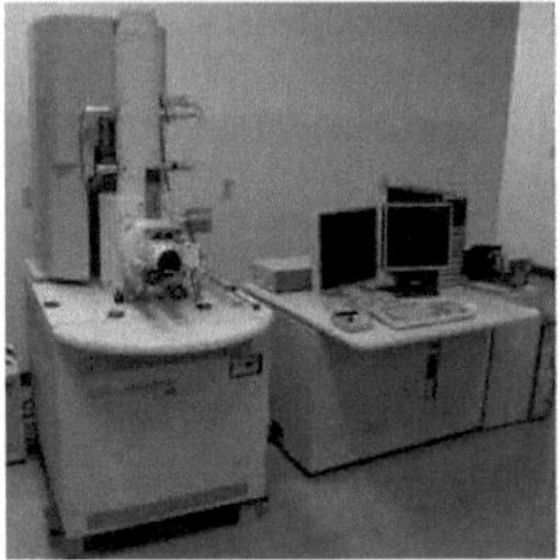

Fuente. Manuales técnicos CEsMeC. Center for study of matter at extreme conditions. Florida International University, Miami, Florida, Estados Unidos.

El sistema utilizado en el análisis de termo gravimetría se muestra en la figura 30 (Perkin Elmer TGA instrument). Las muestras pesadas en miligramos son calentadas hasta 1000°C bajo diferentes razones de flujo de aire o gas inerte, principalmente argón. Con los resultados obtenidos desde este ensayo, es posible evaluar el porcentaje de conversión de mineral u óxido de hierro a hierro carbonatado. Este equipo también realiza el análisis de DSC o calorimetría de barrido diferencial en el cual es posible determinar el trabajo o energía dada para lograr la transformación de fase o la descomposición de una muestra. Este análisis puede ser usado para observar fusión, cristalización, transición vítrea, oxidación y cualquier otra reacción química.

Figura 30. Equipo empleado para análisis termogravimétricos

Fuente. Manuales técnicos CEsMeC. Center for study of matter at extreme conditions. Florida International University, Miami, Florida, Estados Unidos.

3.3.5 Análisis de Porosidad. Un sólido empieza a adsorber un gas cuando entra en contacto con él en las condiciones termodinámicas adecuadas[93]; cuando esto ocurre, el peso del sólido se incrementa y la presión del gas cae hasta un momento en el cual estas variables se estabilizan. La cantidad de gas adsorbido es calculado como función tanto de la caída de presión, como del aumento de peso del sólido. La medida de la adsorción proporciona la información necesaria para calcular el área superficial y la estructura porosa del sólido. Normalmente, se utiliza nitrógeno en su punto de ebullición 77K como sustancia a adsorber. El concepto de Brunauer Emmett Teller BET como una extensión de la teoría de Langmuir, es tomado como base para la realización de los cálculos, asumiendo que las moléculas de gas se adsorben sobre los sólidos en forma de capas, que no existe interacción física o química entre dos capas de adsorción y que además cada capa se comporta de acuerdo a la teoría de Langmuir.

En esta investigación, la adsorción de gas isoterma fue empleada para cuantificar el área superficial de las partículas de polvo, por medio de un Micromeritics Tristar II 3020 (surface area and porosimetry analyzer instrument). Como sustancia adsorbida fue usado nitrógeno a 77K. Con el fin de eliminar la humedad y otros gases adsorbidos antes del análisis, las muestras fueron primero desgasificadas a 200°C bajo una atmósfera de nitrógeno durante 2 horas. Se usó el método de Brunauer Emmett Teller BET para calcular el área de superficie interna. El volumen del poro fue también calculado desde el nitrógeno adsorbido después de la completa condensación del poro (P/Po=0.9925), usando la proporción de densidades de nitrógeno líquido a gaseoso. En la figura 31 se puede apreciar el equipo Micromeritics Tristar II 3020.

3.4 DEFINICIÓN Y CALCULO DE VARIABLES

Las variables que intervienen en la experimentación son:

3.4.1 Variable Dependiente. La variable que permite demostrar la validez de la hipótesis es:

- **Capacidad de captura del CO_2 de los óxidos de hierro (C_c):** Indica cuanta cantidad del óxido o mineral de hierro bajo estudio es necesaria para capturar cierta cantidad de CO_2,:

$$\mathrm{Cc} = \frac{masa\ de\ \mathrm{CO_2}\ capturado}{masa\ de\ mineral\ u\ óxido\ de\ hierro\ utilizado} \qquad (16)$$

[93] S.J. Gregg, K.S.W. Sing, Adsorption, Surface Area and Porosity, Academic Press, 1982. London, 2nd ed.

Figura 31. Equipo empleado para análisis de área superficial de partículas de polvo

Fuente. Manuales técnicos CEsMeC. Center for study of matter at extreme conditions. Florida International University, Miami, Florida, Estados Unidos.

Esta variable permite interpretar el comportamiento de los óxidos en el proceso de carbonatación, el cual es llevado a cabo durante varios ciclos para el mismo material, si las condiciones lo justifican. Las unidades de esta variable son gramos de dióxido de carbono capturado por gramo de mineral u óxido de hierro utilizado (gCO_2/ gOM) o también puede expresarse por milimoles de dióxido de carbono capturado por gramo de mineral u óxido de hierro utilizado ($mmolCO_2$/ gOM).

La información necesaria para el cálculo se genera a partir de los resultados del refinamiento Rietveld, el cual permite identificar y procesar toda la información que suele solaparse en un patrón de difracción en polvo. El método ajusta teóricamente los parámetros estructurales o parámetros de red, deslizamientos atómicos, anisotropía y tensiones de la red, así como experimentales, que dependen de las condiciones de experimentación, al perfil completo del difractograma en polvo suponiendo que el difractograma es la suma de un número de reflexiones de Bragg centradas en sus posiciones angulares respectivas. Luego los parámetros escogidos van siendo ajustados en un proceso iterativo hasta que se alcanza una condición de convergencia con los valores de las intensidades experimentales y el modelo teórico[94].

[94] PETRICK, Susana y CASTILLO, Ronald. Método de Rietveld para el estudio de estructuras cristalinas. En: Revciuni, 2004, p. 1-5

El refinamiento Rietveld para esta investigación es desarrollado en el software GSAS; este software contiene una serie de programas para el procesamiento y análisis de datos de difracción para material en polvo, obtenidos desde rayos x, manejando datos desde una mezcla de fases, refinando los parámetros estructurales para cada una de ellas. Para la estimación de la validez del ajuste del método se tienen en cuenta tanto la inspección visual, como el valor de dos parámetros matemáticos, el residuo de patrón pesado, R_{wp} y el ajuste de bondad X^2. La inspección visual se realiza permanentemente después de refinar el background, el perfil y los parámetros de estructura cristalina. Respecto de los parámetros matemáticos el R_{wp} representa el progreso del refinamiento, y se considera un valor satisfactorio, menor al 5%. X^2 es un indicador de la medida de los errores estadísticos y se considera que tiene valores satisfactorios cuando son cercanos a 1. Una vez se conoce el porcentaje de productos obtenidos en la reacción química a diferentes condiciones desde los resultados del refinamiento, el porcentaje de hierro carbonatado define la cantidad de dióxido de carbono capturado, según la siguiente ecuación:

$$masa\ de\ \mathrm{CO_2}\ capturado = \frac{m(\mathrm{CO_2}\ Fe\mathrm{CO_3}) * mp(Fe\mathrm{CO_3})}{mm(Fe\mathrm{CO_3})} \qquad (17)$$

$Dónde$:
$m(\mathrm{CO_2}\ Fe\mathrm{CO_3})$: $masa\ de\ \mathrm{CO_2}\ por\ mol\ de\ Fe\mathrm{CO_3}$
$mp(Fe\mathrm{CO_3})$: $masa\ hierro\ carbonatado\ en\ los\ productos$
$mm(Fe\mathrm{CO_3})$: $masa\ molecular\ del\ hierro\ carbonatado$

La ecuación 17 permite conocer el numerador de la ecuación 16. La cantidad de material de óxido o mineral de hierro utilizado para capturar la masa de CO_2 se calcula restando del 100% de la masa total de los productos, la masa capturada de CO_2. La capacidad de captura del CO_2 por parte de los óxidos y el mineral de hierro también puede ser calculada desde el análisis termogravimétrico, pudiendo contrastarse este resultado con el generado desde el refinamiento Rietveld; en este caso sencillamente se resta de la masa inicial de la muestra, la masa sólida que permanece después de la liberación del CO_2 , dividiendo este resultado por la masa que permanece después de la liberación de CO_2.

3.4.2 Variables Independientes. La capacidad de captura de los óxidos y el mineral de hierro se estudiará como una función de:

- **Temperatura de operación [°C].** La influencia de la temperatura será estudiada en los procesos de carbonatación hidrotermal y de descarga de barerra de dieléctrico. La carbonatación por interacción mecánico-química se hará a temperatura constante, la cual es definida por las condiciones del proceso. También se estudia la influencia de esta variable, en calcinación por vacío y con gas de arrastre.

- **Presión de operación [bar].** En los procesos de interacción mecánico-químico e hidrotermal se tendrá en cuenta la influencia de la presión de operación sobre la captura de CO_2. Presión atmosférica es considerada para la calcinación con gas de arrastre, y presiones del orden de los milibar para calcinación en vacío.

- **Tiempo de reacción [min].** Es considerada como una variable que influencia de manera importante no solamente los procesos de carbonatación sino de calcinación, por tanto, será tenido en cuenta en todos ellos.

- **Potencia eléctrica suministrada al sistema [W].** Es una variable que influencia la captura de CO_2 en la carbonatación vía DBD, así como la calcinación por esta misma vía.

- **Flujo de CO_2 [ml/min].** Se estudia su influencia en la carbonatación vía plasma DBD.

- **Velocidad de rotacion [rpm].** Se tiene en cuenta su influencia en el proceso de carbonatación solamente por la vía de interacción mecánico-química.

3.5 TRATAMIENTO PARAMÉTRICO DE LAS VARIABLES

3.5.1 Carbonatación. La capacidad de captura del CO_2 por parte de los óxidos y mineral de hierro se estudia en función de las variables independientes ya mencionadas. Los valores en que se fijan estas variables, dependen de los resultados de las simulaciones en el software FactSage y de algunos experimentos preliminares realizados. Para la carbonatación, usando combinaciones entre óxidos de hierro puros (magnetita, hematita) y agentes reductores (grafito, hierro metálico) o mineral de hierro y agentes reductores (grafito, hierro metálico), las variables independientes se ajustarán como sigue:

- **Variación de la temperatura de operación.** La temperatura se ajustó para la carbonatación hidrotermal según la tabla 1. En descarga de barrera de dieléctrico, la temperatura es consecuencia del proceso y se asume como 32°C la temperatura constante promedio en carbonatación por interacción mecánico-química.

Tabla 1. Valores ajustados de temperatura en carbonatación hidrotermal

Temperatura de operación [°C]	**Presión de operación, [bar]**	**Tiempo de reacción [min].**	**Capacidad de captura [gCO2/g(Fe_2O_3, Fe_3O_4) o mineral de hierro)]**
100	Constante	constante	
150	Constante	constante	
200	Constante	constante	

Fuente. El autor

- **Variación de la presión de operación**. En las tablas 2 y 3 se presentan los niveles escogidos para variación de la presión en las vías de carbonatación hidrotermal y de interacción mecánico-química respectivamente.

Tabla 2. Valores ajustados de presión en carbonatación hidrotermal

Presión de operación, [bar]	**Tiempo de reacción [min].**	**Temperatura de operación [°C]**	**Capacidad de captura [gCO2/g(Fe_2O_3, Fe_3O_4 o mineral de hierro)]**
30	constante	constante	
40	constante	constante	
50	constante	constante	

Fuente. El autor

Tabla 3. Valores ajustados de presión en carbonatación mecánico química

Presión de operación, [bar]	**Tiempo de reacción [min].**	**Velocidad de rotación [rpm]**	**Capacidad de captura [gCO2/g(Fe_2O_3, Fe_3O_4, o mineral de hierro)]**
10	constante	constante	
20	constante	constante	
30	constante	constante	

Fuente. El autor

- **Variación del tiempo de reacción.** La tabla 4 presenta los valores escogidos para el tiempo de reacción; estos niveles son utilizados en todos los procesos de carbonatación.

Tabla 4. Valores ajustados tiempo de reacción en los procesos de carbonatación

Tiempo de reacción [min].	Demás variables independientes	Capacidad de captura [gCO2/g(Fe_2O_3, Fe_3O_4 o mineral de hierro)]
30	Constante	
60	Constante	
120	Constante	
180	Constante	
240	Constante	

Fuente. El autor

- **Variación de potencia eléctrica.** De acuerdo con las características del reactor desarrollado, y del sistema DBD en general, la potencia eléctrica activa suministrada fue ajustada según los valores que se presentan en la tabla 5.

Tabla 5. Valores ajustados de potencia eléctrica en carbonatación vía DBD

Potencia eléctrica, [W]	Tiempo de reacción [min].	Flujo de CO_2 [ml/min]	Capacidad de captura [gCO2/g(Fe_2O_3, Fe_3O_4, FeO o mineral de hierro)]
20	constante	constante	
25	constante	constante	
30	constante	constante	

Fuente. El autor

- **Variación de flujo de CO_2.** El flujo de CO_2 se ajustó según lo presentado en la tabla 6.

Tabla 6. Valores ajustados de flujo de CO_2 en carbonatación vía DBD

Flujo de CO_2 [ml/min]	Potencia eléctrica, [W]	Tiempo de reacción [min].	Capacidad de captura [gCO2/g(Fe_2O_3, Fe_3O_4, FeO o mineral de hierro)]
5	constante	constante	
10	constante	constante	
15	constante	constante	

Fuente. El autor

- **Variación de la velocidad de rotación.** En el molino planetario, la velocidad de rotación se ajustó según lo presentado en la tabla 7.

Tabla 7. Valores ajustados de velocidad de rotación en carbonatación mecánico química

Velocidad de rotación [rpm]	**Tiempo de reacción [min].**	**Presión de operación, [bar]**	**Capacidad de captura [gCO2/g(Fe_2O_3, Fe_3O_4, o mineral de hierro)]**
200	Constante	Constante	
400	Constante	Constante	

Fuente. El autor

3.5.2 Calcinación. En este proceso y de acuerdo con los resultados generados desde las simulaciones en FactSage, la termo gravimetría y de algunos experimentos preliminares, se definen la temperatura, la presión y el tiempo de reacción como las variables a tener en cuenta para la total descomposición del hierro carbonatado.

- **Ajuste de la temperatura de operación.** La temperatura se ajustó en 400°C y 300°C en los métodos de gas de arrastre a presión atmosférica y de vacío respectivamente.

- **Ajuste de la presión de operación.** La presión se asume como la atmosférica, en este caso la correspondiente al laboratorio 1019,3mbar para el método de gas de arrastre y presión absoluta promedio medida en el vacuómetro de 0,01bar para la descomposición mediante vacío.

- **Ajuste del tiempo de reacción.** De acuerdo a lo identificado exclusivamente en los ensayos experimentales, se estableció una secuencia de 30 minutos para alcanzar los 400°C o 300°C, 60 minutos a temperatura constante y finalmente el enfriamiento a temperatura ambiente.

4. RESULTADOS

En este capítulo se presentan los resultados de la investigación, soportados estos desde la experimentación y su análisis respectivo. En primer lugar, se realizó un estudio preliminar que permitió identificar la composición química del mineral de hierro y su caracterización, confirmar la presencia de siderita en las reacciones de carbonatación e identificar las condiciones generales para conseguir la calcinación; seguidamente, se presentan los resultados específicos sobre los estudios realizados en la carbonatación de los óxidos y el mineral de hierro por medio de los métodos propuestos, centrando dicho estudio en el cálculo y el análisis de la captura del CO_2. Después de ello, se estudió la regeneración térmica con el fin de identificar las condiciones adecuadas para descomponer la siderita formada desde diferentes composiciones, para así poder carbonatar nuevamente y en varios ciclos, los productos generados durante la calcinación. En los procesos de carbonatación y calcinación, se realizaron simulaciones usando el software FactSage para identificar e interpretar el comportamiento termodinámico de dichos procesos, soportando así, el trabajo experimental.

En la parte final del capítulo se realiza un análisis comparativo entre las vías de carbonatación y entre las de calcinación, dónde se evidencian las ventajas y desventajas de usar una u otra; a partir de cálculos y análisis proyectivos, se plantean posibles expectativas que se suscitan a futuro en posibles aplicaciones industriales.

4.1 EXPERIMENTOS PRELIMINARES

4.1.1 Composición química y caracterización del mineral de hierro. Se tomaron muestras de mineral de hierro de la mina "el UVO", la cual provee materia prima a la compañía Acerías Paz del Río en Boyacá, Colombia. Estas muestras fueron procesadas en un mortero de ágata con pistilo dónde fueron convertidas a polvo, con el fin de identificar su composición química mediante fluorescencia de rayos X (XRF), para luego por medio de difracción de rayos X, establecer en cuales óxidos de hierro se enfocará el estudio de la carbonatación. La composición química del mineral de hierro se puede apreciar en la tabla 8.

Es evidente que el mayor componente en porcentaje de peso dentro de la muestra corresponde con los óxidos de hierro, aunque algunas impurezas tales como SiO_2, CaO, Al_2O_3, MgO, MnO, P_2O_5, Na_2O, K_2O, S y Zn también hacen parte de la misma. De acuerdo con este resultado es posible inferir que elementos no metálicos como el azufre y el fósforo, metálicos como el magnesio y metales alcalinos como el sodio o el potasio podrían actuar como agentes reductores en reacciones de carbonatación, lo cual es una ventaja importante.

Tabla 8. Composición química del mineral de hierro en wt%

Fe (total)	46,98
SiO_2	9,58
CaO	4,38
Al_2O_3	5,43
MgO	0,43
MnO	0,23
P_2O_5	2,72
Na_2O	0,59
K_2O	0,04
S	0,89
Zn	0,08

Fuente. El autor

Después del refinamiento Rietveld, el análisis mediante difracción de rayos X, evidenció la presencia de hematita Fe_2O_3 número de tarjeta 00-072-0469, de Goetita FeOOH, número de tarjeta 00-081-0462 y de siderita $FeCO_3$ número de tarjeta 00-083 –1764. Las impurezas detectadas en el análisis químico no fueron identificadas por el detector de rayos X, pues suelen establecerse importantes diferencias en los patrones generados desde las dos técnicas[95 96]. En la figura 32 aparece patrón de difracción de rayos X del mineral de hierro estudiado.

El resultado del refinamiento presenta un porcentaje composicional de Fe_2O_3 = 48.01%, $FeCO_3$ = 21.16% y FeOOH = 30.83%. En el anexo B se presentan los resultados generados desde el software GSAS, en los que se puede apreciar los porcentajes finales de composición de los compuestos.

---

[95] GOTOR, F , *et, al*. Op. cit. p.498

[96] FENG, Zhili, *et, al*. Kinetics of the Thermal Decomposition of Wangjiatan Siderite. En: Journal of Wuhan University of Technology-Mater, 2011. DOI 10.1007/s11595-011-0261-x. p.523-526.

Figura 32. Patrón de difracción DRX del mineral de hierro

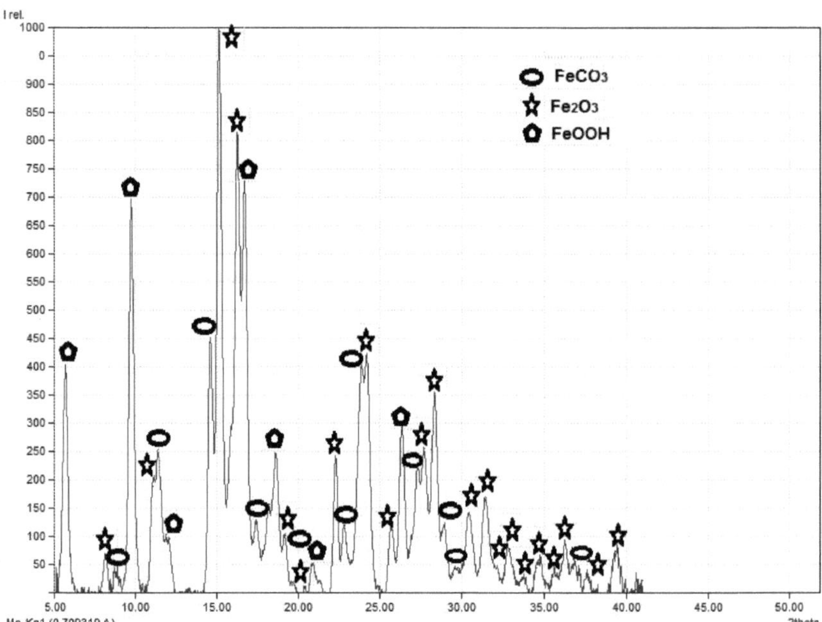

Fuente. El autor

De acuerdo con este resultado, además de la reacción (8) la siguiente reacción se puede presentar en la carbonatación del mineral de hierro, usando hierro como agente reductor:

$$2FeOOH(s) + Fe(s) + 3CO_2(g) \rightarrow 3FeCO_3(s) + H_2O\ (g) \qquad (18)$$

Las reacciones que se presentan en la carbonatación del mineral de hierro, en el caso de no necesitar agente reductor adicional son:

$$Fe_2O_3(s) + 2CO_2(g) \rightarrow 2FeCO_3(s) + \frac{1}{2}O_2 \qquad (19)$$

$$2FeOOH(s) + 2CO_2(g) \rightarrow 2FeCO_3(s) + O_2 + H_2 \qquad (20)$$

4.1.2 Interacción de óxidos o mineral de hierro y CO_2 a baja presión. Con el fin de estudiar la posible carbonatación a condiciones de baja presión, se colocaron muestras de 0,5g de óxidos o mineral de hierro junto con hierro metálico o grafito y agua dentro del horno descrito en un apartado anterior...véase sección 3.1.5...; el CO_2 se hizo pasar a razón de una burbuja por segundo, equivalente aproximado de 3Nml/min, controlándose desde el regulador de flujo. Las temperaturas de operación fueron ajustadas en el control de temperatura a valores de 150, 200, 300, 450, 700 y 1000°C. Se escogió este amplio rango de temperaturas con el fin de identificar e interpretar las posibles reacciones químicas que se generan en diferentes condiciones termodinámicas. Los tiempos de reacción son de 3, 9 y 15 horas. No fue posible formar siderita ($FeCO_3$) desde ninguno de los óxidos de hierro empleados (Fe_2O_3 y Fe_3O_4) ni tampoco aumentar la presencia de ella desde el mineral de hierro, el cual contiene Fe_2O_3 y FeOOH como materiales de captura.

Este hecho se puede explicar con la presencia de algunos compuestos en reacciones químicas secundarias que se generan bajo estas condiciones. Por ejemplo adicionando agua a una mezcla de magnetita y grafito como materiales de captura de CO_2, operando a temperaturas superiores de 200°C se permitieron formar pequeñas cantidades de hidróxidos. El patrón de difracción de rayos X presentado en la figura 33 evidencia este comportamiento correspondiente a temperatura de operación de 300°C, durante 15 horas. El mecanismo de reacción que sucede permite inferir que la eficiencia de la reacción principal es nula bajo estas condiciones, impidiendo la formación de siderita, lo cual sugiere que es necesario someter la mezcla a condiciones termodinámicas más favorables, en este caso, presiones más altas.

Otra situación particular ocurrió usando los mismos materiales base. La magnetita sufrió oxidación calcinante, convirtiéndose parte de ella en hematita según se puede apreciar también en el patrón presentado en la figura 33. Similar comportamiento presentaron las mezclas sometidas a temperaturas superiores a 300°C. Sin alcanzar la fusión, las temperaturas de calcinación oxidante permiten transformar químicamente los compuestos. Esta temperatura normalmente es más alta que la temperatura necesaria para generar carbonatación. De acá es posible inferir que existen significativas limitaciones termodinámicas para formar siderita, desde óxidos y mineral de hierro a presiones menores o iguales de la atmosférica. Los resultados generados usando hierro metálico como agente reductor, no presentaron cambios significativos respecto de los ya presentados usando carbono en forma de grafito.

4.1.3 Interacción inicial de óxidos o mineral de hierro y CO_2 por medio de síntesis hidrotermal. Utilizando el sistema cerrado ya descrito,...véase el numeral 3.1.1...se realizaron experimentos preliminares a diferentes presiones y temperaturas, en los que se usaron algunas mezclas de material de captura;

estas mezclas combinaron los óxidos y el mineral de hierro con los dos agentes reductores propuestos, aunado a la presencia o ausencia de agua.

Figura 33. Patrón DRX que revela la formación de hidróxidos y de hematita, desde el sistema Fe_3O_4+C+CO_2 a 300°C, sometida a baja presión durante 15 horas.

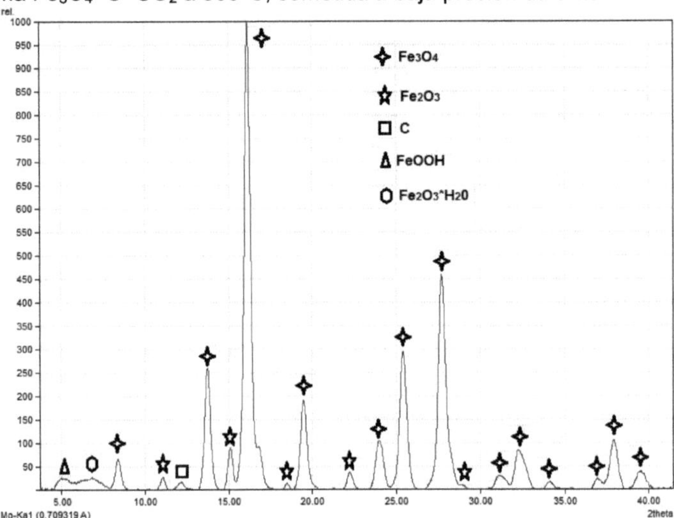

Fuente. El autor

Inicialmente, se utilizaron mezclas de 0,5g de magnetita o hematita junto con grafito a presiones de gas de CO_2 y temperaturas que cambiaron entre 30 a 50bar y de 100 a 200°C respectivamente, tomando 12 horas como tiempo de reacción. Además, se realizaron experimentos a las mismas condiciones de presión y temperatura adicionando 0,2ml de agua a cada de las mezclas. Como resultado de estos experimentos, no se pudo evidenciar la presencia de siderita en estas condiciones; acá es posible inferir que las reacciones 7 y 9 no se llevan a cabo debido a limitaciones cinéticas. Se evidenció el mismo comportamiento usando mineral de hierro como material de captura.

Posteriormente, se realizaron experimentos usando magnetita, hematita y mineral de hierro en las mismas condiciones de presión, temperatura y tempo de reacción fijadas anteriormente, pero ahora usando hierro metálico como agente reductor. En primera instancia no se encontró siderita dentro de los productos de la reacción. Seguidamente, se adicionó agua en la misma cantidad ya utilizada en los experimentos con grafito. En todos los experimentos fue posible evidenciar la presencia de siderita; su cantidad en los productos depende de la presión, de la temperatura y del material utilizado. El comportamiento de la capacidad de captura como función de las variables independientes será estudiado en detalle...en la sección 4.2...; este hecho permite encontrar las condiciones favorables para que se lleven a cabo las reacciones (5), (8) y (18). Acá se pone de manifiesto la importancia de utilizar agua, la cual actúa a manera de catalizador rompiendo con las limitaciones cinéticas encontradas sin presencia de la misma en los anteriores experimentos. En la figura 34 se ilustra el patrón de difracción de rayos X, de los productos encontrados desde el sistema Fe_3O_4+Fe+CO_2 a 200°C, 30 bar y 12 horas de tiempo de reacción, adicionando agua.

Como se puede apreciar, la eficiencia química en las reacciones es alta, debido a que no aparecen dentro de los productos, otros compuestos que indiquen que se llevaron a cabo reacciones intermedias secundarias.

Figura 34. Patrón de DRX en la carbonatación del sistema Fe_3O_4+Fe+CO_2 sometido a 200°C, 30 bar y 12 horas de tiempo de reacción, adicionando agua.

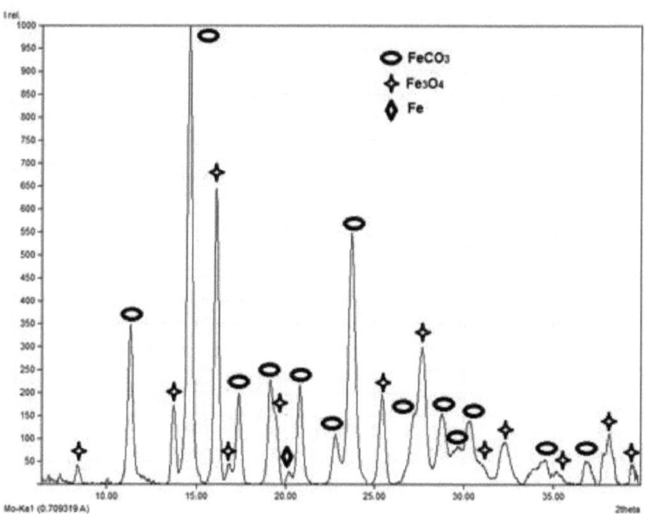

Fuente. El autor

4.1.4 Interacción inicial de óxidos o mineral de hierro y CO_2 por medio de descargas de barrera de dieléctrico.

4.1.4.1 Generación de plasma estable desde el sistema desarrollado. Con el fin de identificar las condiciones necesarias para generar plasma estable dentro del reactor, se realizaron algunos ensayos sin muestras en su interior. Inicialmente, se utilizó aire como gas de ensayo, (78 % nitrógeno N_2, 21% oxígeno O_2 y 1% otros gases), dado que este gas tiene una tensión de ionización similar a la del dióxido de carbono. Los valores de tensión senoidal y de frecuencia ajustados para la experimentación, se definieron tomando como base trabajos de investigación reportados en la literatura, en los cuales se tratan óxidos y gases que requieren tensiones de ionización similares, aunado al hecho que utilizaron reactores con geometrías parecidas. La tensión ajustada en reactores de configuración cilíndrica para conseguir plasma estable y que tratan metano CH_4, monóxido de carbono CO, o CO_2 varió de entre 6,6kV y 20kV y la frecuencia fue ajustada de entre 17 y 35KHz[97] [98] [99].

Para el caso del tratamiento de este tipo de gases en el que se emplearon catalizadores sólidos, los reactores que presentan principalmente configuración planar, emplearon valores de tensión que oscilan entre 3 y 16 kV y frecuencias que van desde los cientos de Hertz a 30kHz [100] [101] [102].

De acuerdo con las características propias del reactor implementado y de la capacitancia del aire como gas bajo estudio, se pudo establecer que a la frecuencia más baja de la fuente (20kHz aproximadamente), la descarga filamentar se observó a los 1,8 kV y plasma estable a los 3,9 kV.

Luego de identificar las condiciones para establecer plasma usando aire, se permitió el ingreso al reactor de dióxido de carbono con un flujo total de 10 Nml/min a presión atmosférica; se incrementó la potencia suministrada al sistema cambiando las señales de tensión y de frecuencia desde la fuente hasta valores de 2,65 kV y 20,02 kHz respectivamente, donde se identificó la descarga

---

[97] TU, X y WHITEHEAD, J. Plasma catalytic dry reforming of methane in an atmospheric dielectric barrier discharge: Undestanding the synergistic effect at low temperature. En: Applied catalysis B, 2012. p. 10.

[98] KYUNG, Tae y WON, Gyu Lee. Reaction between methane and carbon dioxide to produce syngas in dielectric barrier discharge system. En: Journal of Industrial and Engineering Chemistry, 2012. vol 18, p 5 .

[99] CHONG, Lin song, *et al* Simultaneous removals of NOx, HC and PM from diesel exhaust emissions by dielectric barrier discharges. En: Journal of Hazardous Materials, 2009. Vol 166, p. 9

[100] NGUYEN, Hoang Hai y Kim, Kyo-Seo. Combination of plasmas and catalytic reactions for CO2reforming of CH4 by dielectric barrier discharge process. En: Catalysis Today, 2015. p. 1-8

[101] GOU, Yufang, *et al.* Effect of manganese oxide catalyst on the dielectric barrier discharge decomposition of toluene. En: Catalysis Today, 2010. Vol 153, p. 176-183.

[102] GOU, Yufang, *et al.* Toluene decomposition performance and NOx by-product formation during a DBD-catalyst process. En: Journal of environmental sciences, 2015.vol 28, p. 187-194

filamentar. Manteniendo la frecuencia e incrementando la tensión se encontró plasma estable en los 4,63 kV. La señales de tensión (amarillo) y corriente (azul) que se muestran en la figura 35 en condiciones filamentares, evidencian un desfasamiento en el cual la señal de tensión se encuentra adelantada. De lo anterior se puede inferir que para la frecuencia de operación de 20,02kHz, el circuito del sistema presenta predominancia inductiva, esto debido a que la reactancia inductiva de acople de la fuente de poder, tiene más valor que la reactancia capacitiva total del gas y del dieléctrico.

Figura 35. Desfasamiento entre las señales de tensión (amarillo) y corriente (azul) para el sistema DBD a 20,02 kHz y 4,63 kV.

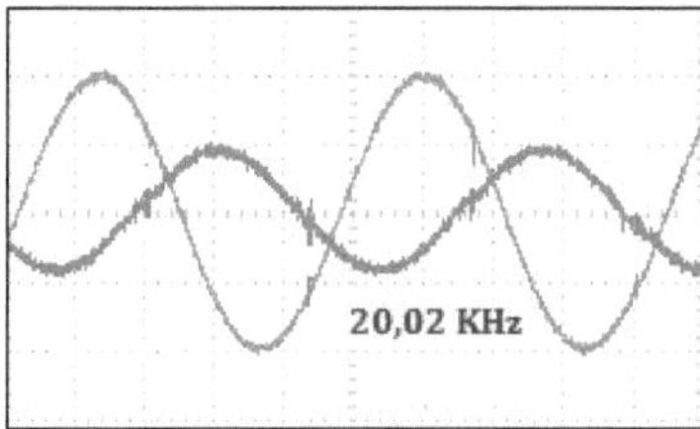

Fuente. El autor.

Se realizaron ensayos en diferentes condiciones buscando identificar las que son más favorables para la ignición y sostenimiento del plasma; se apreció que manteniendo constante la frecuencia y el flujo, plasma más estable fue observado para mayores potencia suministradas; de igual manera, manteniendo constante la potencia suministrada y el flujo, el plasma más estable fue observado para la mínima frecuencia de operación fijada en la fuente; otra observación fue que a la misma tensión, la potencia suministrada al sistema aumenta a medida que se disminuye el flujo total, debido al aumento de la capacitancia del medio gaseoso.

4.1.4.2 Materiales de captura y CO_2 dentro de plasma estable. Después de conocer ciertas condiciones para establecer plasma estable dentro del reactor usando dióxido de carbono como gas, se procedió a buscar la carbonatación de los óxidos y el mineral de hierro. Inicialmente, se utilizaron muestras de 0,2 g de óxidos de hierro, empleando magnetita junto con grafito o hierro metálico; el flujo de CO_2 se ajustó a 15 Nml/min. Se consiguió plasma filamentar ajustando la fuente a 20,02 kHz y 2,87 kV, como se puede apreciar en la figura 36.

Figura 36. Imagen de plasma filamentar generado dentro del reactor planar a 20,02 kHz y 2,87 kV.

Fuente. El autor.

La mezcla fue sometida al plasma filamentar durante 30 minutos; el análisis mediante difracción de rayos X no mostró presencia de hierro carbonatado. Seguidamente en las mismas condiciones se variaron los flujos a 10 y 5Nml/min con el fin de aumentar el tiempo de residencia de las moléculas de gas dentro del reactor; manteniendo el tiempo de reacción, tampoco fue posible identificar mediante rayos X, la presencia de hierro carbonatado.

Después de ello, se adicionó agua a cada una de las mezclas, con el fin de mejorar la cinética de las reacciones, como ya se demostró en el apartado anterior; ahora, se experimentó usando magnetita, hematita o mineral de hierro junto con grafito o hierro metálico a 5, 10 y 15Nml/min en condiciones de plasma filamentar, permitiendo la reacción durante 1 hora; la temperatura promedio alcanzada al interior del reactor fue de 115°C, medida con un termómetro infrarrojo. El análisis de rayos X mostró que en estas condiciones no es posible realizar captura de CO_2. El patrón de difracción de rayos X de una muestra de magnetita junto con hierro metálico y agua con flujo de CO_2 de 5Nml/min, sometido a la descarga filamentar durante una hora es mostrado en la figura 37. Es claro que no existen las adecuadas condiciones termodinámicas y cinéticas para carbonatar usando descarga filamentar, pues solamente fue posible conseguir una pequeña oxidación de la magnetita al estar en contacto con el CO_2, lo cual desencadenó la formación de hematita.

Posteriormente, se exploró la carbonatación en condiciones de plasma estable; para generarlo fue necesario ajustar la fuente en 4,92kV a 20,02kHz, usando inicialmente una mezcla de 0,2g de magnetita e hierro metálico a 15Nml/min de flujo de CO_2. Después de 30 minutos de reacción, no fue posible capturar CO_2. Seguidamente, se disminuyeron los flujos a 10 y 5 Nml/min manteniendo fijas las restantes condiciones, sin encontrar siderita en los productos de reacción.

Figura 37. Patrón de difracción de rayos X del sistema Fe_3O_4+Fe+ CO_2 con flujo de CO_2 de 5Nml/min, sometido a la descarga filamentar durante una hora.

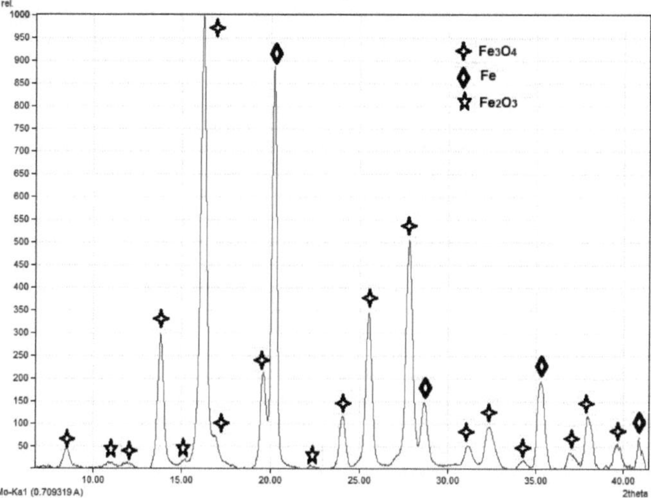

Fuente. El autor.

Al igual que con plasma filamentar, se adicionó agua a diferentes combinaciones de magnetita, hematita o mineral de hierro junto con grafito o hierro metálico a flujos de CO_2 de 5, 10 y 15Nml/min, manteniendo la frecuencia y variando levemente la tensión a valores que oscilaron cerca de los 5kV, dónde se puede apreciar el plasma más estable como el que se muestra en la figura 38; en estos experimentos las reacciones se llevaron a cabo empleando dos tiempos de reacción, 1hora y 2 horas. La potencia eléctrica activa suministrada al sistema para condiciones de plasma estable, se mantuvo en un rango de 20 a 30W, y la temperatura promedio dentro del reactor fue de 318°C.

Figura 38. Imagen de plasma estable dentro del reactor planar, usando material de captura a 4,98kV, 20,03kHz

Fuente. El autor.

Utilizando magnetita, hematita o mineral de hierro junto con hierro metálico y agua, la frecuencia también fue ajustada en valores de 25 kHz y 30 kHz, con el fin de cambiar las condiciones energéticas; en este caso, incrementos de la frecuencia, a condiciones de predominancia inductiva del sistema eléctrico, hacen que la potencia caiga dramáticamente para la misma tensión, dado que las señales se alejan del punto de resonancia, así que fue necesario ajustar nuevamente la tensión a valores más altos para conseguir nuevamente plasma estable. A frecuencias de 25 y 30 kHz, las nuevas tensiones para conseguir plasma estable rondaron entre los 5,5 y 6,3 kV, a potencias suministradas que alcanzaron los 42W, consiguiéndose temperaturas que alcanzaron los 333°C.

En toda la experimentación realizada a plasma estable, no fue posible capturar CO_2 generando hierro carbonatado, aunque los reactantes también acá sufrieron cambios después de la reacción, los cuales se pueden apreciar en la figura 39. Una mezcla de hematita, hierro metálico y agua en condiciones de 5Nml/min de flujo de CO_2, 4,98 kV y 20,02 kHz sometida al plasma estable durante 2 horas, confirmó dentro de los productos la presencia de goethita y una cantidad considerable de magnetita. Lo anterior sugiere en primer lugar, que la formación de hidróxidos se asocia a condiciones inadecuadas para carbonatar, lo que desencadena baja o nula eficiencia en el proceso. De otro lado, parte de la hematita inicialmente presente sufre reducción al estar en contacto con el hidrógeno del agua, formando magnetita a temperaturas de alrededor de 420°C según lo reportado por Lin *et, al*[103]; acá la temperatura dentro del reactor es menor lo cual permite inferir que la acción de los iones y las moléculas del plasma aceleran la reducción.

Con el fin de complementar y verificar las limitaciones termodinámicas que afronta la carbonatación al interior del plasma, se acude al software FactSage 6.1. En la figura 40 se pueden apreciar tres simulaciones en equilibrio químico, realizadas a temperaturas de entre 25 y 325°C y presiones de 1bar, usando magnetita, hematita o mineral de hierro junto con hierro metálico como materiales de captura. El software permite simular condiciones de plasma, incluyendo la presencia de iones y electrones libres, así que las simulaciones fueron desarrolladas contemplando plasma.

---

[103] LIN, Yi-Hsing, *et al.* The mechanism of coal gas desulfurization by iron oxide sorbents. <u>En:</u> Chemosphere, 2015. vol 121, p. 62-67

Figura 39. Patrón de difracción de rayos X del sistema Fe_2O_3+Fe+ CO_2 con flujo de CO_2 de 5Nml/min, sometido a plasma estable durante dos horas

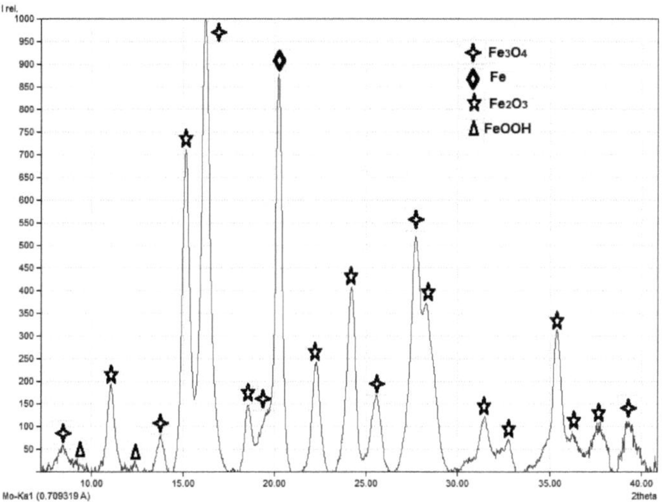

Fuente. El autor

Del comportamiento mostrado en la figura 40 se puede inferir que a la presión establecida de un 1bar, en las mezclas que usan magnetita y hematita se generará siderita estable a temperaturas inferiores a los 175°C mientras que, la estabilidad se consigue hasta 150°C usando mineral de hierro, como material base de captura; el hecho que la temperatura de estabilidad sea menor en el mineral de hierro, se asocia a que las muestras de mineral de hierro contienen azufre, el cual actúa como un agente reductor adicional.

Aunque termodinámicamente es posible generar siderita a presiones bajas (menores o iguales a la atmosférica) y a temperaturas menores de 175°C que en este caso corresponden al plasma filamentar, las limitantes cinéticas relacionadas principalmente con el factor de frecuencia debida a pocas colisiones por baja presión, y a la temperatura misma, de acuerdo con la ecuación de Arrhenius hacen que la reacción de carbonatación no sea cinéticamente viable; incluso la presión del gas se disminuye cuando este pasa por el regulador de flujo, adaptándolo a valores del orden de los pocos Nml/min, lo que limita aún más la favorabilidad cinética; este resultado está acorde con el patrón de difracción mostrado en la figura 37.

Figura 40. Simulaciones de carbonatación de sistemas a base de magnetita (a), hematita (b) y mineral de hierro (c) para temperaturas de entre 25 y 325°C y presión de 1 bar

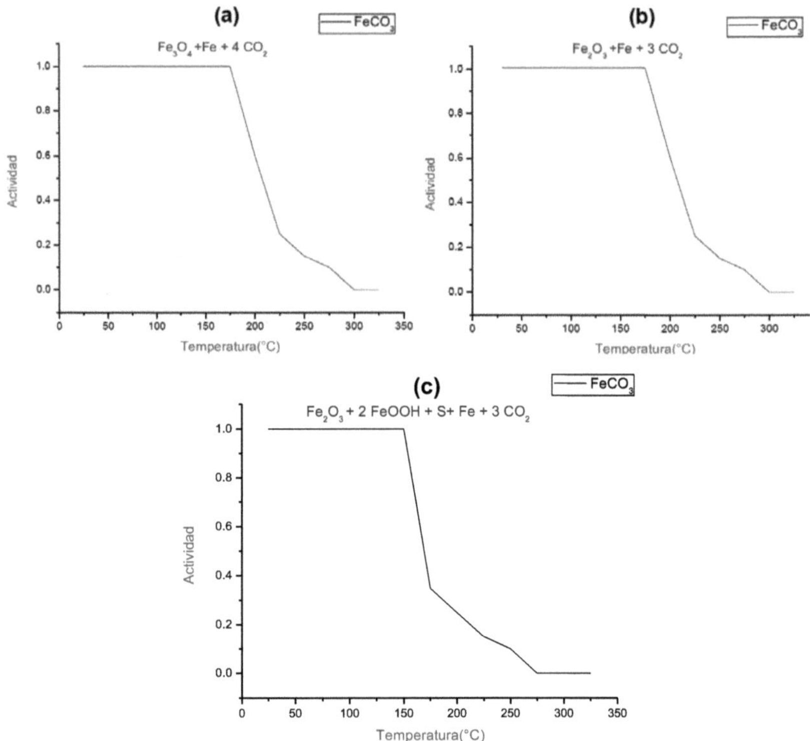

Fuente. El autor

De otro lado, la presencia de magnetita, para una reacción generada desde hematita e hierro, evidencian la realización de una reducción, como ya se mencionó y se constató en el patrón de difracción presentado en la figura 37. Este tipo de reacción ocurre a temperaturas superiores a la de carbonatación [104] [105];

[104] KUMAR, Sushant y SAXENA, Surendra. A comparative study of CO2 sorption properties for different oxides. Op. cit. p. 5

acorde con los resultados de la simulación, la siderita es completamente inestable para condiciones de plasma en descarga dieléctrica estable, es decir a temperaturas iguales o superiores a los 318°C. Bajar la temperatura mediante una fuente externa a niveles más apropiados para carbonatar, representa un gasto energético adicional.

La simulación también permite identificar la reacción de calcinación que ocurre, en caso de que la siderita hubiese podido ser sintetizada en estas condiciones. Por ejemplo, en la simulación de carbonatación del mineral de hierro junto con hierro y azufre a 1bar de presión, un aumento de temperatura de 150 a 175°C hace que la siderita desaparezca dentro de los productos (actividad igual a 0), transformando parte de ella en magnetita, confirmando que la reacción (6), es llevada a cabo en esas condiciones. En los renglones siguientes se muestran los resultados de esta simulación dónde también se hacen presentes dentro de los productos, compuestos como el sulfuro de hierro.

```
T = 150 C
P = 1 bar
V = 2.5501 dm3

STREAM CONSTITUENTS           AMOUNT/gram
Fe2O3                          1.0000E+00
FeOOH                          2.0000E+00
CO2                            3.0000E+00
S                              1.0000E+00
Fe                             1.0000E+00

                              EQUIL AMOUNT  MOLE FRACTION     FUGACITY
PHASE: gas_ideal                  mol                            bar
CO2                            6.1228E-02    8.4472E-01     8.4472E-01
H2O                            1.1254E-02    1.5527E-01     1.5527E-01
TOTAL:                         7.2482E-02    1.0000E+00     1.0000E+00
   System component           Mole fraction  Mass fraction
   Fe                          2.7680E-25    1.1601E-24
   S                           1.0097E-06    2.4299E-06
   O                           0.61491       0.73835
   C                           0.28158       0.25381
   H                           0.10352       7.8306E-03
                                  gram                        ACTIVITY
Fe2O3_hematite(s)              2.4279E+00                   1.0000E+00
FeS2_Pyrite(s)                 1.8708E+00                   1.0000E+00
FeCO3_Siderite(s)              8.0396E-01                   1.0000E+00

********************************************************************
```

[105] HASSANZADEH, A Y ABBASIAN, J. Op. cit. p. 1291

```
      Cp             H              S              G              V
    J.K-1            J            J.K-1            J             dm3
*******************************************************************

 6.61816E+00  -4.65479E+04   2.04819E+01  -5.52148E+04   2.55014E+00


Show only stable phases option in effect
Cut-off limit for gaseous fractions = 1.00E-04
.....................................................................
                                                          Page 7 [

T = 175 C
P = 1 bar
V = 2.9594 dm3

STREAM CONSTITUENTS           AMOUNT/gram
Fe2O3                          1.0000E+00
FeOOH                          2.0000E+00
CO2                            3.0000E+00
S                              1.0000E+00
Fe                             1.0000E+00


                              EQUIL AMOUNT  MOLE FRACTION    FUGACITY
PHASE: gas_ideal                  mol                          bar
CO2                            6.8167E-02    8.5829E-01    8.5829E-01
H2O                            1.1254E-02    1.4170E-01    1.4170E-01
TOTAL:                         7.9422E-02    1.0000E+00    1.0000E+00
   System component           Mole fraction  Mass fraction
   Fe                          7.4619E-24    3.1000E-23
   S                           1.9079E-06    4.5513E-06
   O                           0.61943       0.73728
   C                           0.28610       0.25563
   H                           9.4472E-02    7.0839E-03
                                  gram                        ACTIVITY
FeS2_Pyrite(s)                 1.8708E+00                  1.0000E+00
Fe3O4_Magnetite(s)             1.6066E+00                  1.0000E+00
Fe2O3_hematite(s)              1.3198E+00                  1.0000E+00


*******************************************************************
      Cp             H              S              G              V
    J.K-1            J            J.K-1            J             dm3
*******************************************************************

 6.73089E+00  -4.58537E+04   2.21002E+01  -5.57579E+04   2.95937E+00
```

4.1.5 Identificación de condiciones para carbonatación de óxidos de hierro por medio de interacción químico mecánica. Empleando el sistema rotatorio de molino de bolas en configuración de planetario ya descrito,...véase sección 3.1.3...se llevaron a cabo experimentos preliminares a condiciones de temperatura de molido, que como ya se indicó se considera constante a un valor de 32°C;

diferentes presiones y diferentes velocidades de rotación fueron estudiadas, usando algunas mezclas como material de captura; estas mezclas combinaron los óxidos de alta pureza o el mineral de hierro junto con los dos agentes reductores propuestos, aunado a la presencia o ausencia de agua.

Reacciones de carbonatación, a partir de mezclas de magnetita o hematita junto con carbón en forma de grafito a presiones de gas de CO_2 que se ajustaron entre 10 y 30bar y velocidades de rotación del disco de la máquina de 200 y 400rpm, fueron inicialmente estudiadas, tomando 2 horas como tiempo de reacción. Las muestras estudiadas se ajustaron a 3 gramos para conseguir la relación de peso entre el polvo y la cantidad de bolas de 2:27. El análisis de difracción de rayos X no mostró presencia de siderita.

Se adicionó agua a las mismas mezclas operando a las mismas condiciones de presión y velocidad de rotación; como resultado se pudo evidenciar la presencia de una considerable cantidad de siderita en todos los ensayos realizados, confirmando que las reacciones (7) y (9) se llevan a cabo en estas condiciones. En la figura 41 se pueden apreciar los patrones presentados a partir de magnetita y hematita a 20bar, 200rpm y 2 horas de tiempo de reacción.

Adicionalmente, se consiguió carbonatar mineral de hierro adicionando agua, sin incluir agente reductor, lo cual se atribuye principalmente a la presencia de azufre. Posteriormente, se realizaron experimentos usando magnetita y hematita pero ahora empleando hierro metálico como agente reductor. Utilizando las mismas cantidades de material, sometiéndolo a las mismas condiciones de presión, velocidad de rotación y tiempo de reacción, fue posible carbonatar todas las muestras, sin tener necesidad de incluir agua.

Lo anterior demuestra que el hierro metálico es lo suficientemente reactivo para vencer limitaciones cinéticas debido a su baja energía de activación, comparada con la del grafito. En la figura 42 se presenta el patrón de difracción de rayos X, de la carbonatación del mineral de hierro adicionando agua y en las figuras 43 (a) y 43 (b) los patrones correspondientes a la carbonatación de los sistemas Fe_3O_4+Fe+CO_2 y Fe_2O_3 +Fe+CO_2 respectivamente, sin adición de agua.

Figura 41. Carbonatación en interacción mecánico-química de los sistemas Fe_3O_4 $+C+CO_2$ (a) y Fe_2O_3 $+C+CO_2$ (b) a 20 bar de presión de CO_2, 200 rpm y 2 horas de tiempo de reacción.

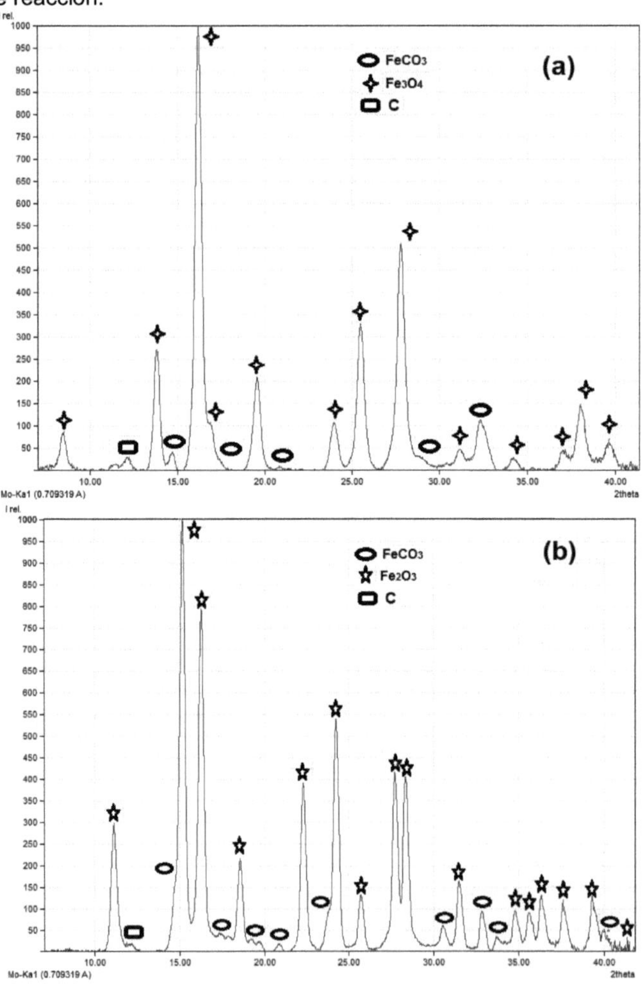

Fuente. El autor

Figura 42. Patrón de difracción de rayos X en la carbonatación del mineral de hierro mediante interacción mecánico-química a 200 rpm, 20bar, 200 rpm y 2 horas de tiempo de reacción, sin agente reductor adicional, usando agua.

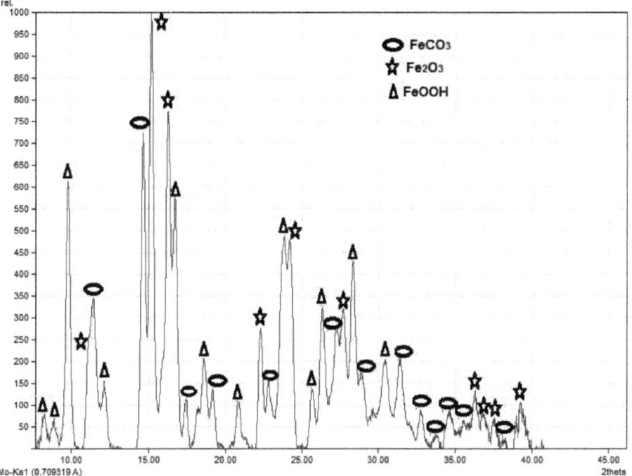

Fuente. El autor

Mediante los resultados encontrados en los experimentos preliminares de carbonatación mecánico química, se puede inferir que la eficiencia presentada en cada de las reacciones es alta, debido a que no aparecen dentro de los productos, otros compuestos que indiquen que se llevaron a cabo reacciones intermedias secundarias.

4.2 CARBONATACIÓN DE ÓXIDOS DE HIERRO Y MINERAL DE HIERRO

En esta sección se presentan los resultados y la discusión generada a partir de la capacidad de captura de dióxido de carbono por parte de cada uno de los óxidos puros y el mineral de hierro bajo estudio. Se estudiará la influencia que tiene cada una de las variables independientes ya definidas en la capacidad de captura por medio de las vías hidrotermales y de interacción mecánico química, comparándola además con la capacidad de captura máxima teórica.

Figura 43. Patrones de difracción de rayos X en la carbonatación de los sistemas Fe_3O_4+Fe+CO_2 (a) y Fe_2O_3+Fe+CO_2 (b) mediante interacción mecánico-química a 200 rpm, 20bar, 200 rpm y 2 horas de tiempo de reacción sin adición de agua.

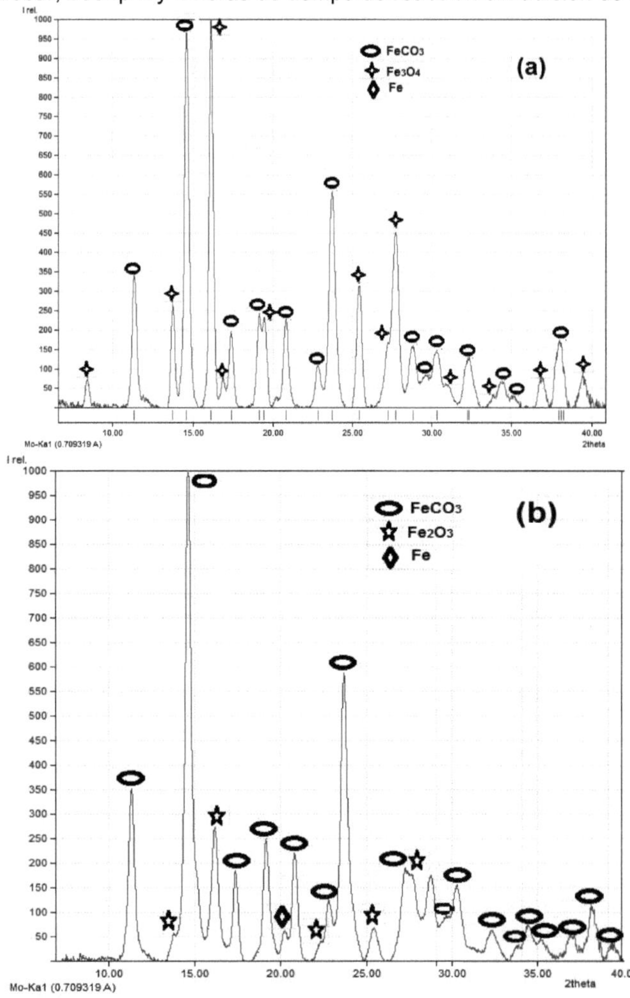

Fuente. El autor

4.2.1 Carbonatación hidrotermal. A partir de los experimentos preliminares y de los resultados generados desde las simulaciones mediante FactSage, se definieron los valores a ajustar para la presión, la temperatura y el tiempo de reacción.

4.2.1.1 Óxidos de hierro de alta pureza. Como ya se demostró, la carbonatación de magnetita y hematita mediante vía hidrotermal es lograda a partir de la utilización de hierro metálico como agente reductor, y de la adición de agua para vencer las limitaciones cinéticas.

Mediante FactSage se determinó la factibilidad termodinámica en la carbonatación de los sistemas Fe_3O_4–Fe-CO_2 y Fe_2O_3–Fe-CO_2 según la estequiometria definida en las reacciones (5) y (8). A partir de los cálculos generados desde las bases de datos, la figura 44 presenta el comportamiento de la temperatura de equilibrio como una función de la presión de CO_2 para los dos sistemas.

Los resultados sugieren que la formación de siderita es favorecida a presiones más altas cuando la temperatura es constante, así como a más bajas temperaturas a presión constante. El mismo comportamiento se presenta en los dos sistemas; sin embargo, el sistema Fe_2O_3–Fe-CO_2 muestras temperaturas de equilibrio más bajas para la misma presión comparadas con la que se presentan en el sistema que utiliza magnetita. Teniendo en cuenta las presiones de trabajo propuestas, (10 a 50 bar) se considera que la siderita comienza a ser inestable, a partir de los 225°C.

Figura 44. Simulación de la temperatura de equilibrio como función de la presión de CO_2 para los sistemas $\mathrm{Fe_3O_4 + Fe + 4CO_2 \rightarrow 4FeCO_3}$ y $\mathrm{Fe_2O_3 + Fe + 3CO_2 \rightarrow 3FeCO_3}$

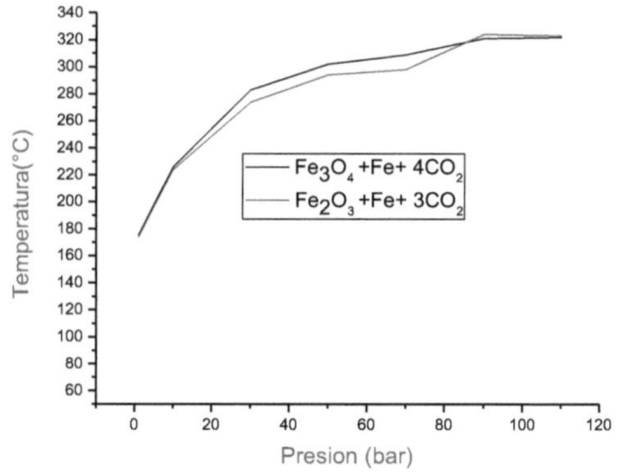

Fuente. El autor

Adicionalmente, es posible verificar lo anterior a partir del comportamiento de la actividad de la siderita y de otros productos generados, en función de la temperatura o la presión para condiciones de carbonatación hidrotermal en los sistemas químicos propuestos. En la figura 45 se muestra el comportamiento en equilibrio del sistema Fe_2O_3–Fe-CO_2 para presión de 10 bar, figura 45(a) y de 50bar, figura 45(b), para temperaturas de 25 a 325°C.

Figura 45. Simulación termodinámica en condiciones de carbonatación hidrotermal, del sistema Fe_2O_3–Fe-CO_2 para (a) 10bar, (b) 50bar.

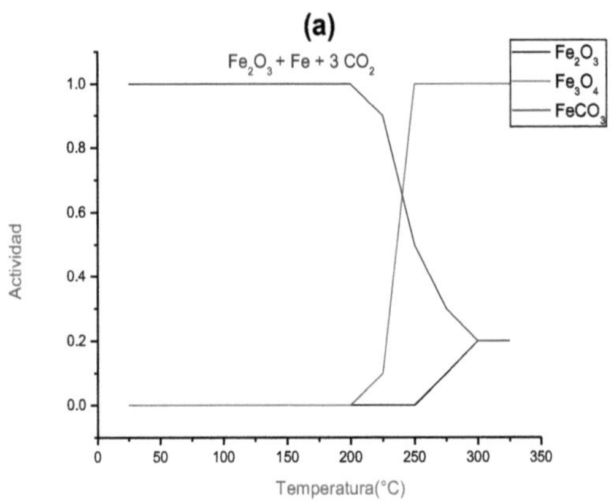

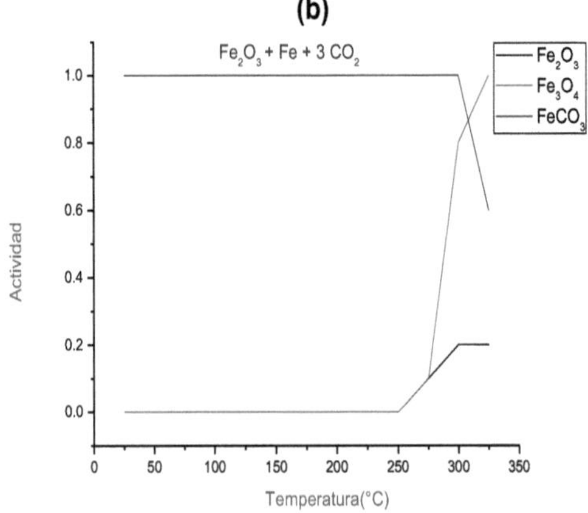

Fuente. El autor

Es evidente que siderita más estable se consigue a mayores presiones; en estas condiciones la siderita comienza a descomponerse cerca de los 225°C para presión de 10bar, y cerca de los 300°C para presión de 50bar. Resultados similares se consiguieron usando el sistema Fe_3O_4–Fe-CO_2. Con la disminución de la cantidad de siderita debido a su descomposición por aumento de la temperatura, los productos ahora formados son nuevamente hematita y en una mayor cantidad la magnetita, en las dos presiones simuladas.

De otro lado, es posible verificar mediante la simulación, el comportamiento espontáneo o favorable que presenta el sistema químico en todo el rango de temperaturas simuladas. Tomando como ejemplo el sistema Fe_2O_3+Fe+CO_2 sometido a presión constante de 10bar y temperaturas de 25°C y 50°C, los cálculos termodinámicos mostrados abajo, presentan al delta en la energía libre de Gibbs con valores negativos de -1,798kJ y -2,031kJ respectivamente, lo que evidencia la favorabilidad de la reacción de carbonatación, a pesar de que la variación de la entalpía es más positiva a 50°C; este último cambio se contrarresta con el aumento de la temperatura y con el delta de la entropía a 50°C, para finalmente tener una reacción más espontánea o favorable que la que se presenta a 25°C. En el anexo C, se presentan como complemento, los cálculos para temperaturas simuladas de entre 25 a 325°C a presión constante de 10bar.

```
T = 25 C
P = 10 bar
V = 7.9113E-02 dm3

STREAM CONSTITUENTS               AMOUNT/gram    TEMPERATURE/C     PRESSURE/bar
STREAM
Fe2O3_hematite                     1.0000E+00          25.00          1.0000E+00
Fe_bcc                             1.0000E+00          25.00          1.0000E+00
CO2/gas_ideal/                     3.0000E+00          25.00          1.0000E+00

**********************************************************************
   Cp_INI          H_INI           S_INI           G_INI           V_INI
    J.K-1            J             J.K-1             J              dm3
**********************************************************************

 3.63702E+00  -3.19965E+04   1.56191E+01  -3.66533E+04   1.68984E+00

                               EQUIL AMOUNT   MOLE FRACTION      FUGACITY
PHASE: gas_ideal                   mol                              bar
CO2                             3.1914E-02     1.0000E+00       1.0000E+01
TOTAL:                          3.1914E-02     1.0000E+00       1.0000E+00
   System component            Mole fraction  Mass fraction
   Fe                           4.2324E-70     1.6112E-69
   O                            0.66667        0.72709
   C                            0.33333        0.27291
                                   gram                          ACTIVITY
FeCO3_Siderite(s)               3.5256E+00                      1.0000E+00
C_Graphite(s)                   6.9929E-02                      1.0000E+00
```

```
*****************************************************************
  DELTA Cp       DELTA H       DELTA S       DELTA G       DELTA V
   J.K-1            J           J.K-1           J            dm3
*****************************************************************

 1.01485E-01  -3.72581E+03  -6.46401E+00  -1.79857E+03  -1.61073E+00

*****************************************************************
     Cp             H             S             G             V
   J.K-1            J           J.K-1           J            dm3
*****************************************************************

 3.73850E+00  -3.57223E+04   9.15510E+00  -3.84519E+04   7.91133E-02

.....................................................................
                                                              Page 2
 FTdemo demonstration database - use only for slide shows and teaching.
FactSage 7.0
 T = 50 C
 P = 10 bar
 V = 8.5747E-02 dm3
  STREAM CONSTITUENTS          AMOUNT/gram   TEMPERATURE/C   PRESSURE/bar
STREAM
 Fe2O3_hematite                 1.0000E+00       25.00        1.0000E+00
 Fe_bcc                         1.0000E+00       25.00        1.0000E+00
 CO2/gas_ideal/                 3.0000E+00       25.00        1.0000E+00

*****************************************************************
   Cp_INI         H_INI         S_INI         G_INI         V_INI
    J.K-1           J           J.K-1           J            dm3
*****************************************************************

 3.63702E+00  -3.19965E+04   1.56191E+01  -3.66533E+04   1.68984E+00

                              EQUIL AMOUNT  MOLE FRACTION    FUGACITY
 PHASE: gas_ideal                 mol                          bar
 CO2                          3.1914E-02     1.0000E+00     1.0000E+01
 TOTAL:                       3.1914E-02     1.0000E+00     1.0000E+00
    System component         Mole fraction  Mass fraction
    Fe                        2.6066E-64     9.9228E-64
    O                         0.66667        0.72709
    C                         0.33333        0.27291
                                 gram                        ACTIVITY
 FeCO3_Siderite(s)            3.5256E+00                    1.0000E+00
 C_Graphite(s)                6.9929E-02                    1.0000E+00

*****************************************************************
  DELTA Cp       DELTA H       DELTA S       DELTA G       DELTA V
   J.K-1            J           J.K-1           J            dm3
*****************************************************************

 2.42585E-01  -3.63057E+03  -6.15733E+00  -2.03130E+03  -1.60410E+00
```

```
***********************************************************************
      Cp              H              S              G              V
    J.K-1             J            J.K-1            J             dm3
***********************************************************************

  3.87960E+00  -3.56271E+04   9.46178E+00  -3.86846E+04   8.57469E-02
```

Durante la experimentación, gas CO_2 fue inyectado al sistema cerrado desde el regulador, ajustándolo a valores de presión de 30, 40 y 50bar, junto con 0,5g de mezcla entre magnetita o hematita y hierro metálico en proporción molar 1:1; 0,2ml de agua fueron adicionados en cada experimento, dado que cantidades superiores a esta no mejoraron el rendimiento del material de captura.

Los patrones de difracción mostrados en la figura 46 confirman la formación de siderita (JCPDS # 00--029–0696), desde los sistemas Fe_3O_4–Fe-CO_2, figura 46(a) y Fe_2O_3-Fe-CO_2, figura 46(b) en condiciones de 50bar de presión de CO_2, temperatura de 200°C y tiempos de reacción de entre 0,5 y 3 horas, representando con líneas rojas a los picos correspondientes con la siderita, azules a la magnetita (JCPDS # 00 -- 00 –1111), verdes a la hematita (JCPDS # 00 - 089 - 2810 y negro al hierro metálico (JCPDS # 00--006 –0696). Como se puede apreciar en los dos sistemas, existe una reducción significativa en la producción de siderita después de un tiempo de reacción determinado, en este caso después de 2 horas para la siderita formada desde magnetita y después de 1 hora para la siderita formada desde hematita, debido a que las reacciones inversas (5) y (8) toman lugar, dadas las condiciones termodinámicas muy cercanas a las de equilibrio.

En esas condiciones, la capacidad máxima de captura de CO_2 calculada desde el refinamiento Rietveld es de 0,3219 g CO_2/g absorbente para el sistema que utiliza magnetita y de 0,3615 g CO_2/g absorbente, para el sistema que usa hematita. Estos valores se trasladan al 52,54% y 59,01% de la conversión respectivamente, calculadas sobre el valor máximo teórico de capacidad de captura que es 0,6126 g CO_2/g absorbente, equivalente a 13,923 mmol CO_2/ g absorbente. Mejor cinética se presentó en el sistema que usa hematita asociado esto a su menor energía de activación. El tamaño promedio del cristal de acuerdo con la ecuación de Scherrer es de 275 Å y de 189 Å para la siderita formada desde magnetita y hematita, tomando 0,7073 Å para la longitud de onda del rayo X y 0,9 para el factor de forma. Los parámetros de red promedio de la siderita, calculados desde la ley de Bragg tienen valores similares en los dos sistemas después del refinamiento, y son a= b= 4,6519 Å y c=15,3846 Å para siderita sintética que cristaliza como grupo de espacio hexagonal R-3c, lo cual está acorde con lo reportado por Gotor[106].

[106] GOTOR, F.J *et al.* Comparative study of the kinetics of thermal decomposition of synthetic and natural siderite samples. En: Phys Chem Minerals, 2000, vol 27, p. 498.

Figura 46. Patrones de difracción de rayos X en la carbonatación de los sistemas Fe_3O_4–Fe-CO_2 (a) y Fe_2O_3–Fe-CO_2 (b) a condiciones de 50bar de presión de CO_2, temperatura de 200°C y tiempos de reacción entre 0,5 y 3 horas

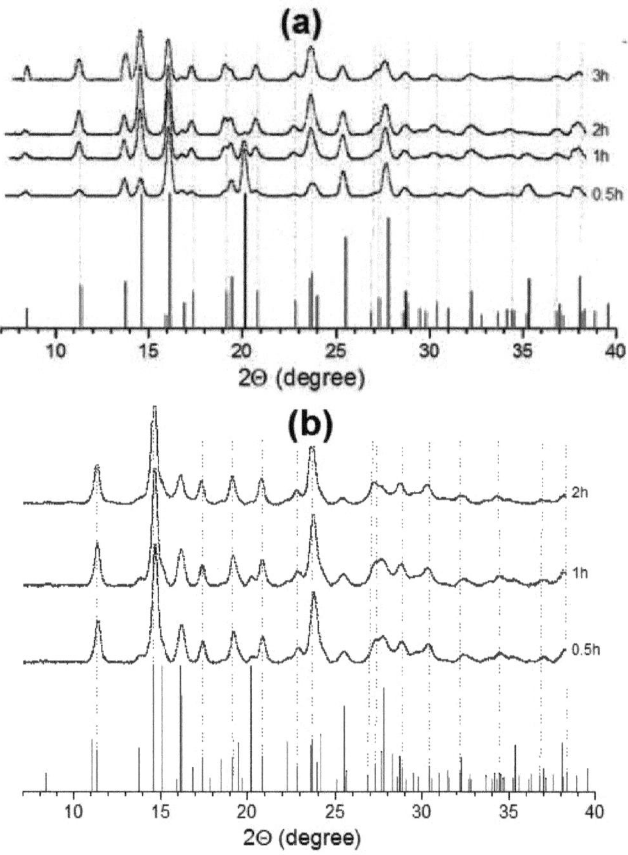

Fuente. El autor

Adicionalmente, en la figura 47, se muestra gráficamente el comportamiento cinético de la capacidad de captura de CO_2 de los dos sistemas a determinadas condiciones termodinámicas, y su relación con respecto a la capacidad de captura máxima teórica. Las figuras 47(a) y 47(b) relacionan respectivamente, la capacidad de captura de la mezcla que utiliza magnetita, como función del tiempo de reacción a diferentes presiones, manteniendo la temperatura constante en 200°C y a diferentes temperaturas manteniendo la presión constante en 50 bar.

Figura 47. Capacidad de captura de CO_2 del sistema Fe_3O_4–Fe-CO_2 como función del tiempo a diferentes presiones manteniendo la temperatura en 200°C (a), y a diferentes temperaturas manteniendo la presión en 50 bar (b).

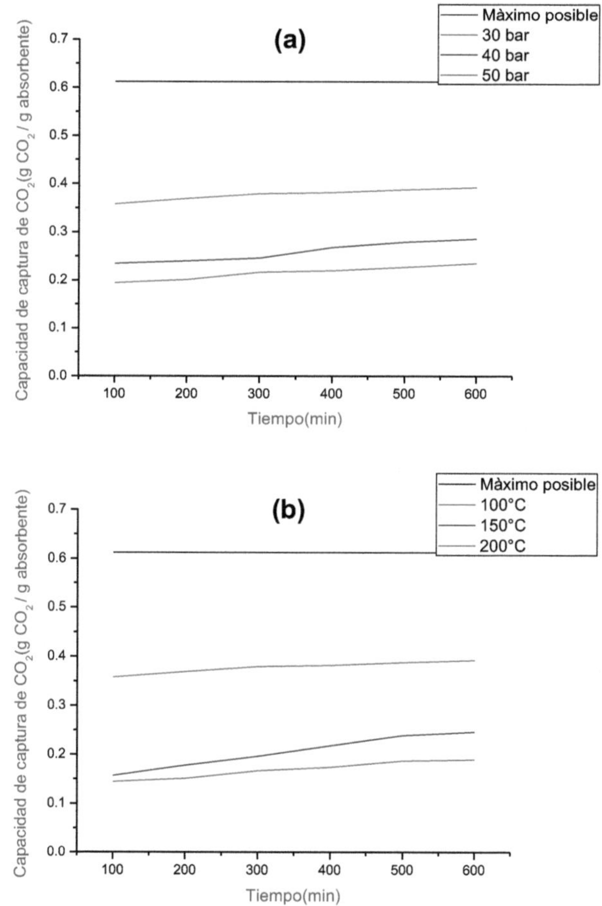

Fuente. El autor

Es posible inferir de los anteriores resultados, que las presiones más altas promueven la formación de siderita, lo que es congruente con los resultados generados desde FactSage. Los materiales sólidos porosos tienen interconectados caminos o espacios libres, dónde las moléculas de gas colisionan entre ellas y con los poros de las paredes; si la presión es lo suficientemente alta las moléculas de CO_2 se introducen y permanecen dentro de cada poro disponible de magnetita, hematita o hierro metálico con el fin de reaccionar y así generar siderita; por el contrario, si la presión es baja, colisiones entre las moléculas de CO_2 y con las paredes del poro son ahora dominantes, y los espacios libres que pueden ser aprovechados para posibles reacciones, son restringidos por la geometría del espacio vacío [107] [108].

Tiempos de reacción más largos generalmente promueven la captura de CO_2, sugiriendo que si las moléculas de CO_2 permanecen más tiempo en contacto con el material, más oportunidad tienen de quedar atrapadas en los poros, para así poder reaccionar carbonatando los óxidos.

Incrementos de la temperatura permiten que las moléculas se difundan más fácilmente de dentro de los poros de la magnetita, los cuales contienen sitios activos para que las moléculas de CO_2 finalmente reaccionen con la mezcla para formar $FeCO_3$[109]. Someter muestras de este sistema químico a temperaturas superiores a 200°C desencadena una caída vertiginosa de la capacidad de captura como ya sucedió con muestras expuestas a esta misma temperatura durante tiempos prolongados.

4.2.1.2 Mineral de hierro. De igual manera que con los óxidos de hierro de alta pureza, la carbonatación del mineral de hierro vía hidrotermal es lograda utilizando hierro metálico como agente reductor, y adicionando agua.

Nuevamente se hizo uso de FactSage, en este caso para demostrar la factibilidad termodinámica en la carbonatación del sistema en general FeOOH- Fe_2O_3-Fe-CO_2, según la estequiometria definida en la reacciones (8) y (18). La curva en el equilibrio de temperatura como función de la presión de gas CO_2 presentó similar comportamiento al presentado en los óxidos de hierro puro. De otro lado, en el diagrama de actividad como función de la temperatura de la figura 48, se muestra el comportamiento de la carbonatación para un rango de 25 a 325°C y presiones de 10bar, figura 48(a) y 50bar figura 48(b), para el sistema químico general reconocido desde el mineral de hierro, en el cual se incluyó el azufre, elemento

[107] KUMAR, Sushant . The effect of elevated pressure, temperature and particles morphology on the carbon dioxide capture using zinc oxide. Op. cit. p. 64

[108] CONDON, J. Surface area and porosity determinations by physisorption: measurenments and Theory, 2006. Amsterdam: Elesevier.

[109] KUMAR, Sushant . The effect of elevated pressure, temperature and particles morphology on the carbon dioxide capture using zinc oxide. Op. cit. p. 65

que fue identificado en la composición química del mineral de hierro...véase sección 4.1.1...y que actúa como agente reductor adicional[110].

Figura 48. Simulación en FactSage para condiciones de carbonatación hidrotermal para los sistemas $FeOOH + Fe_2O_3 + Fe + S + CO_2$ a 10bar (a) y 50bar (b)

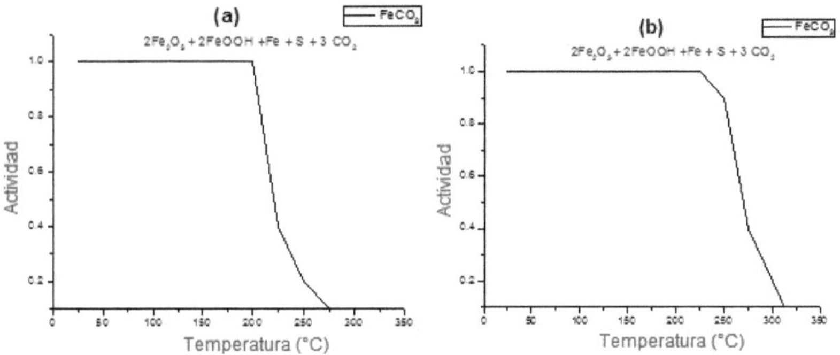

Fuente. El autor

No existe diferencia importante en el comportamiento termodinámico de la carbonatación del mineral de hierro, comparado con los óxidos puros, es decir que siderita más estable se consigue a mayores presiones; su descomposición se inicia a los 200°C y 225°C para presiones de 10 y 50 bar respectivamente.

En la ejecución de los experimentos, se utilizó gas CO_2 de alta pureza a valores de presión de 30, 40 y 50bar, junto con 0,5g de mezcla en polvo de mineral de hierro y hierro metálico en proporción molar definida por la estequiometria de las reacciones (8) y (18). 0,2ml de agua fueron adicionados en cada experimento.

Después de someter a carbonatación, el patrón de DRX mostrado en la figura 49 confirma un incremento de cantidad de siderita (JCPDS número de carta #00- 083 –1764), con relación al patrón generado por el mineral de hierro puro ya descrito,...véase sección 4.1.1...; este experimento fue llevado a cabo a 50bar de presión de CO_2, 100°C y 4 horas de tiempo de reacción. Para esas condiciones la capacidad de captura de la mezcla es de 0,2393gCO_2/g absorbente o 5,4392 mmolCO_2/gabsorbente calculado desde el refinamiento Rietveld; este valor se traslada al 39,09% de la conversión. Los parámetros de red son a=b=4,691261 Å y

---

110 GARCIA; *et al.* Sequestration of non-pure carbon dioxide streams in iron oxyhydroxide-containing saline repositories. En: International Journal of Greenhouse Gas Control, 2012. Vol 7, p. 92

c=15,346423 Å, los cuales están acorde con los calculados para la siderita sintetizada desde los óxidos puros.

Figura 49. Patrón de difracción de rayos X en carbonatación del mineral de hierro a 50bar, 100°C y 4 horas.

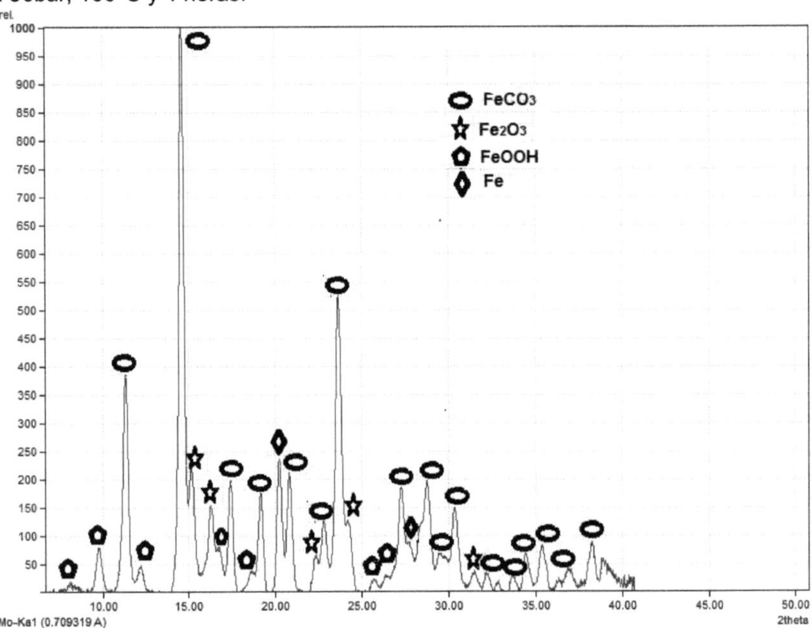

Fuente. El autor.

Adicionalmente en la tabla 9 se presentan algunos cálculos de la capacidad de captura de CO_2 de la mezcla de mineral de hierro, hierro metálico y agua, a diferentes condiciones de presión, temperatura y tiempo de reacción. Los cálculos de la captura del material fueron realizados restando la cantidad de siderita que existía inicialmente. La tendencia a mejorar la capacidad de captura a presiones más altas manteniendo constante la temperatura y el tiempo de reacción, se conserva, según lo presentado en los óxidos puros, y confirmado según los resultados arrojados desde las simulaciones; es decir suficiente presión permite mantener las moléculas dentro de los poros para formar nueva siderita, y de otro lado, presiones bajas condicionan la reacción, a la geometría de espacios libres.

Adicionalmente, es posible interpretar que incrementos de la temperatura de 100°C a 150°C permiten que las moléculas del gas se difundan entre los poros del material de goethita y hematita, con el fin de que sean atrapadas y que posteriormente reaccionen. En este caso, temperaturas superiores a los 150°C promovieron siderita inestable, permitiendo la ejecución de la reacción inversa. Por ejemplo, a 200°C un decremento de 53,2% en la formación de siderita fue evidenciado con respecto a la cantidad formada a 150°C sometiendo la mezcla a 50bar durante 4 horas. FactSage mostró que a 50bar la siderita comienza a descomponerse alrededor de los 200°C; en este caso la temperatura de descomposición es menor debido a la presencia de agua[111]. Los tiempos de reacción más largos acá también promueven la captura de CO_2 al igual que ocurre con la utilización de los óxidos puros.

Tabla 9. Capacidad de captura de CO_2 de mezclas de mineral de hierro e hierro metálico a diferentes condiciones de presión, temperatura y tiempo de reacción.

Presión (bar)	**Temperatura (°C)**	**Tiempo de reacción (h)**	**Capacidad de captura de CO_2 (mmol CO_2/absorbente)**
30	100	4	4,7927
30	200	1	1,6629
30	200	4	1,9945
50	100	1	2,9118
50	100	4	5,4392
50	150	4	5,7069
50	200	4	2,6713

Fuente. El autor.

4.2.2 Carbonatación mecánico química. Al igual que en la carbonatación hidrotermal, se tomaron como base para la carbonatación mediante esta vía, los experimentos preliminares y los resultados de las simulaciones, para definir y ajustar los valores de la presión, velocidad de rotación y el tiempo de reacción.

4.2.2.1 Óxidos de hierro de alta pureza. Como ya se demostró, la carbonatación de magnetita y hematita mediante interacción mecánico química es lograda a partir de la adición de hierro metálico como agente reductor sin necesitar agua, o adicionando agua cuando se adiciona grafito como agente reductor.

[111] KUMAR, Sushant, *et al.* An experimental investigation of mesoporous MgO as a potential pre-combustion CO2 sorbent. Op. cit. p. 3

Nuevamente se acude FactSage para estudiar la factibilidad termodinámica en la carbonatación de los sistemas Fe_3O_4–Fe-CO_2, Fe_2O_3–Fe-CO_2, Fe_3O_4–C-CO_2 y Fe_2O_3–C-CO_2 según la estequiometria definida en las reacciones (5), (7), (8) y (9) ahora a condiciones de temperatura constante de 32°C y diferentes presiones. A partir de los cálculos generados desde las bases de datos, la figura 50 presenta el comportamiento de la actividad como función de la presión para los sistemas, usando los dos tipos de agentes reductores.

Figura 50. Simulaciones en Factsage de la carbonatación de los sistemas Fe_3O_4–Fe-CO_2 (a), Fe_2O_3–Fe-CO_2 (b) Fe_3O_4–C-CO_2 (c) y Fe_2O_3–C-CO_2 (d) a condiciones de interacción mecánico químico.

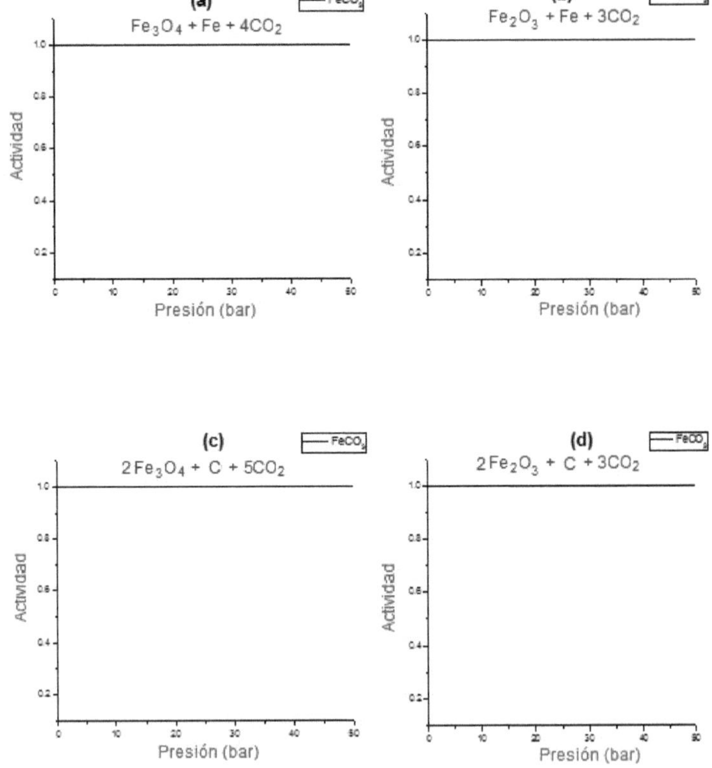

Fuente. El autor

Los resultados muestran que la siderita es estable en todas las condiciones simuladas, lo que permite presentar a la interacción mecánico química como una promisoria vía para capturar CO_2. Por ejemplo, dentro de los cálculos mostrados en el párrafo siguiente, se evidencia que en el sistema Fe_3O_4–Fe-CO_2 definido estequiométricamente por la reacción (5) a 32°C y 30bar, la carbonatación se lleva a cabo exotérmicamente calculando el cambio en la entalpía de formación como ΔH°= -3.81552 KJ, mientras que en el sistema Fe_3O_4–C-CO_2 a las mismas condiciones termodinámicas, el cambio en la entalpía es de ΔH°= -1,5312 KJ. Aunque las condiciones termodinámicas en el sistema que usa grafito son más limitadas debido a su menor energía de activación, es de anotar que en todo caso, los valores expresan una situación bastante favorable para la carbonatación.

```
 T = 32 C
 P = 30 bar
 V = 4.3567E-02 dm3

 STREAM CONSTITUENTS             AMOUNT/gram   TEMPERATURE/C    PRESSURE/bar
STREAM
 Fe3O4_Magnetite                  1.0000E+00       25.00          1.0000E+00
 Fe_bcc                           1.0000E+00       25.00          1.0000E+00
 CO2/gas_ideal/                   4.0000E+00       25.00          1.0000E+00
*********************************************************************
   Cp_INI          H_INI          S_INI          G_INI          V_INI
   J.K-1           J              J.K-1          J              dm3
*********************************************************************
  4.47494E+00  -4.05931E+04   2.05612E+01  -4.67234E+04   2.25312E+00
                                EQUIL AMOUNT  MOLE FRACTION    FUGACITY
 PHASE: gas_ideal                  mol                            bar
 CO2                             5.3232E-02    1.0000E+00     3.1000E+01
 TOTAL:                          5.3232E-02    1.0000E+00     1.0000E+00
    System component            Mole fraction  Mass fraction
    Fe                           2.1998E-68    8.3741E-68
    O                            0.66667       0.72709
    C                            0.33333       0.27291
                                   gram                        ACTIVITY
 FeCO3_Siderite(s)               3.5757E+00                   1.0000E+00
 C_Graphite(s)                   8.1599E-02                   1.0000E+00
*********************************************************************
  DELTA Cp        DELTA H        DELTA S        DELTA G        DELTA V
   J.K-1           J              J.K-1          J              dm3
*********************************************************************
  1.46691E-01  -3.81552E+03  -7.60138E+00  -1.63989E+03  -2.20956E+00

*********************************************************************
     Cp              H              S              G              V
   J.K-1             J            J.K-1            J             dm3
*********************************************************************
  4.62163E+00  -4.44086E+04   1.29598E+01  -4.83633E+04   4.35672E-02
 T = 32 C
 P = 30 bar
 V = 7.5310E-02 dm3
```

```
 STREAM CONSTITUENTS              AMOUNT/gram    TEMPERATURE/C    PRESSURE/bar
STREAM
 Fe3O4_Magnetite                  2.0000E+00         25.00         1.0000E+00
 C_Graphite                       1.0000E+00         25.00         1.0000E+00
 CO2/gas_ideal/                   5.0000E+00         25.00         1.0000E+00
*********************************************************************
    Cp_INI          H_INI          S_INI          G_INI          V_INI
    J.K-1             J            J.K-1            J             dm3
*********************************************************************
 6.23806E+00  -5.43610E+04   2.60421E+01  -6.21254E+04   2.81641E+00
                                EQUIL AMOUNT   MOLE FRACTION    FUGACITY
PHASE: gas_ideal                    mol                            bar
CO2                              9.2017E-02      1.0000E+00     3.1000E+01
TOTAL:                           9.2017E-02      1.0000E+00     1.0000E+00
   System component             Mole fraction  Mass fraction
   Fe                            2.1998E-68      8.3741E-68
   O                             0.66667         0.72709
   C                             0.33333         0.27291
                                    gram                        ACTIVITY
FeCO3_Siderite(s)                3.0023E+00                     1.0000E+00
C_Graphite(s)                    9.4813E-01                     1.0000E+00
*********************************************************************
   DELTA Cp        DELTA H        DELTA S        DELTA G        DELTA V
    J.K-1             J            J.K-1            J             dm3
*********************************************************************
 5.49201E-02  -1.53120E+03  -5.91348E+00   9.10013E+01  -2.74110E+00

*********************************************************************
      Cp              H              S              G              V
    J.K-1             J            J.K-1            J             dm3
*********************************************************************
 6.29298E+00  -5.58922E+04   2.01287E+01  -6.20344E+04   7.53104E-02
```

Experimentalmente, se utilizaron mezclas de 3g de magnetita o hematita como material base de captura, e hierro metálico o grafito como agentes reductores. Las mezclas fueron generadas de acuerdo a la estequiometria de las reacciones (5), (7), (8) y (9); La relación peso del polvo a peso de las bolas es 2:27; junto con la mezcla, el gas CO_2 de alta pureza fue inyectado al reactor a valores de presión de 10, 20 y 30bar. A las mezclas que utilizaron grafito, 1,3 ml de agua fueron adicionados en cada experimento, dado que cantidades superiores a esta no mejoraron el rendimiento del material de captura.

La figura 51 presenta los patrones de difracción que confirman la formación de siderita (JCPDS # 00--029–0696), desde el sistema Fe_3O_4–Fe-CO_2 en ausencia de agua a condiciones de temperatura constante de 32°C, 30bar de presión de CO_2, 400rpm de velocidad de rotación y tiempos de reacción que van desde 30 minutos a 36horas. Picos de difracción débiles correspondientes a siderita son identificados después de 30 minutos de reacción, y sus posiciones ganan tamaño al incrementar el tiempo. Picos de difracción de hierro metálico desaparecen después de 2 horas de proceso, mientras que la magnetita persiste durante 15 horas de reacción. La desaparición de los picos de hierro mientras los de magnetita están presentes, podría ser un indicativo de la amorfización del hierro en una etapa temprana del molido mecánico. La muestra procesada durante 36 horas revela la presencia de siderita en su mayor fase con la consecuente menor cantidad de magnetita.

En estas condiciones, la cantidad porcentual de siderita en la muestra es de 99,76%, y la capacidad de captura calculada desde el refinamiento Rietveld es de 0,6101 g CO_2/g absorbente, la cual es muy cercana a la máxima teórica que es 0,6126 g CO_2/g absorbente. La capacidad de absorción calculada desde el ensayo de termo gravimetría presenta una diferencia, siendo 0,5213 g CO_2/g absorbente...ver sección 4.4.2...; este hecho se asocia a la pequeña oxidación que ocurre en la descomposición de la siderita, cuando el óxido regenerado entra en contacto con el CO_2. Este valor de capacidad de captura, no tiene precedentes según lo reportado en la literatura, pues las reacciones inversas limitan notoriamente la capacidad de captura de los materiales absorbentes.

Figura 51. Patrones de difracción DRX, en la evolución de la formación en el tiempo de la siderita (rojo), desde magnetita (azul) y hierro (negro) a 30 bar de presión de CO_2 y 400 rpm de velocidad de rotación.

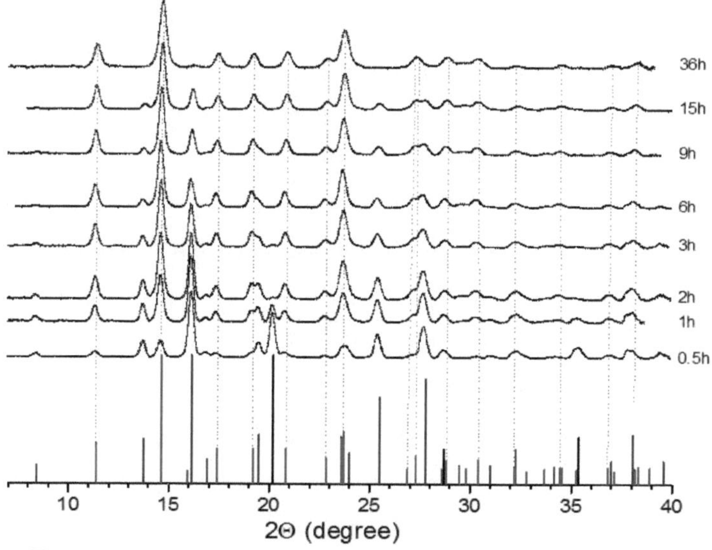

Fuente. El autor

Los parámetros de red de la siderita sintetizada por este método están acordes con los encontrados vía hidrotermal, *a* = *b* = 4,6449 Å y *c* = 15,2498 Å. De otro lado, el tamaño promedio de la partícula presenta un valor de 71,83 Å el cual es significantemente menor que el encontrado en hidrotermal, atribuido al efecto de rompimiento generado desde el molido mecánico

El sistema químico base de hematita, presenta un comportamiento similar al de magnetita en la carbonatación mediante esta vía. La figura 52 evidencia la formación de siderita a 30 bar, 400 rpm y tiempos de reacción de entre 0,5 y 3 horas. La hematita inicialmente presente es rápidamente convertida en magnetita en condiciones de molido mecánico[112].

Figura 52. Patrones de difracción DRX, en la evolución de la formación en el tiempo de la siderita (rojo) desde hematita (verde) y hierro (negro) a 30 bar de presión de CO_2 y 400 rpm de velocidad de rotación. Las líneas azules corresponden a magnetita.

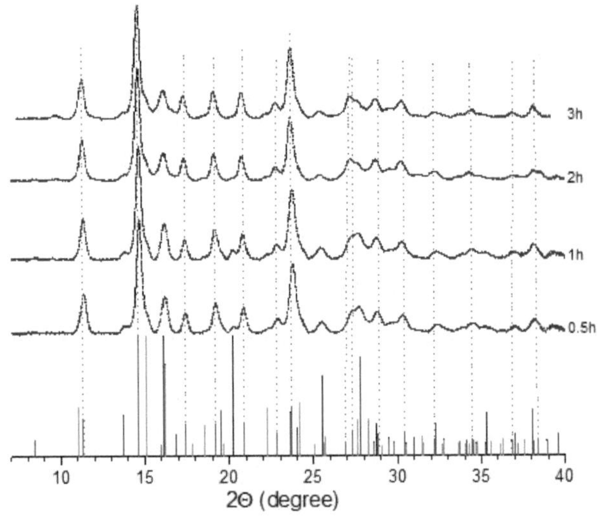

Fuente. El autor

[112] DING, J. *et al.* Structural evolution of Fe + Fe203 during mechanical milling. En: Journal of magnetism and Magnetic Materials,1998. vol. 177, p. 933

Adicionalmente, y como ya se mencionó, se estudió experimentalmente la variación de la capacidad de captura como función de la presión, la velocidad de rotación y el tiempo de reacción. En la figura 53 se aprecia su comportamiento para presiones de 30, 20 y 10 bar como función del tiempo de reacción, para los dos sistemas estudiados, el que usa magnetita, figura 53(a) y el que usa hematita figura 53(b).

Figura 53. Capacidad de captura de CO_2 como función del tiempo de reacción para presiones de 30, 20 y 10bar en los sistemas Fe_3O_4–Fe- CO_2 (a) y Fe_2O_3–Fe-CO_2 (b), a temperatura de 32°C y 400 rpm en interacción mecánico química

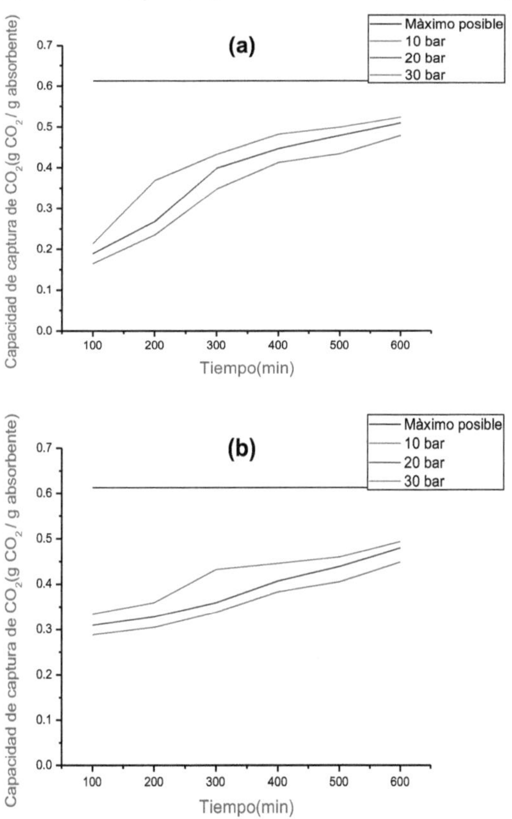

Fuente. El autor

Es evidente que a la temperatura constante de interacción mecánico química, mayores presiones y tiempos de reacción mayores, promueven la captura; este resultado es soportado mediante las simulaciones ya reveladas y se justifica según la descripción realizada para la carbonatación hidrotermal de los óxidos de hierro puros...ver sección 4.2.1.1...Aunque inicialmente, la cinética es mejor usando hematita, generando mejores capacidades de captura de CO_2, con el aumento del tiempo de reacción, este sistema tiende a encontrar condiciones de equilibrio.

Como es de inferir, las reacciones químicas sometidas a la interacción mecánico química, son fuertemente afectadas por la velocidad de rotación. En la figura 54 es posible identificar el comportamiento de la capacidad de captura de CO_2 para velocidades de rotación de 200 y 400 rpm a 30 bar de presión de CO_2 como una función del tiempo de reacción, en los dos sistemas bajo estudio.

De acuerdo a los resultados, si el número de revoluciones es menor, la formación de siderita disminuye, comportamiento que se hace visible en los dos sistemas. Lo anterior sugiere que a más altas velocidades de revolución, se transfiere mayor energía cinética a los materiales y más alta energía cinética promueve la presencia de defectos en los cristales tales como apilamientos, dislocaciones, o vacancias así como el incremento en el número de los límites de grano[113 114 115 116]. Una vez se generan los defectos, más sitios activos dentro de la magnetita, hematita o hierro se establecen, facilitando la reacción con el CO_2, formando finalmente hierro carbonatado.

En el sistema planetario para molido mecánico, incrementar la velocidad de rotación del disco de la máquina, desencadenará un aumento de la velocidad de rotación de las bolas. Sobre una velocidad crítica, las bolas permanecerán en la parte superior del reactor y no caerán para causar energía por fuerza de impacto. Por lo tanto, la máxima velocidad ajustable debe ser justo debajo del valor crítico con el fin de que las bolas caigan y produzcan la máxima energía de colisión posible[117]. El aumento constante de la capacidad de captura con la velocidad de rotación y el tiempo, a presión de 30 bar, permite inferir que 200 y 400 rpm están debajo de la velocidad crítica; en este trabajo de investigación, más altas

---

[113] GHEISARI, K, *et al.* The effect of milling speed on the structural properties of mechanically alloyed Fe–45%Ni powders. En :Journal of Alloys and Compounds, 2009. vol. 472, p 418.

[114] ZHANG, F *et al.* Parameters optimization in the planetary ball milling of nanostructured tungsten carbide/cobalt powder. En: International Journal of Refractory Metals & Hard Materials, 2008. vol. 26, p 330

[115] SHERIF, M *et al.* Cyclic Solid-State Transformations during Ball Milling of Aluminum Zirconium Powder and the Effect and the Effect high-energy planetary ball mill (Fritsch P5) equipped. En: Metallurgical and materials transactions, 1999.vol. 30A, p. 1879

[116] SURYANARAYANA, C. Mechanical alloying and milling. En: Progress in Materials Science, 2001 vol. 46, p 1-184

[117] Ibid., p. 125

velocidades no fueron ajustadas debido a las limitaciones en procesos industriales.

Figura 54. Capacidad de captura de CO_2 como función del tiempo de reacción en los sistemas Fe_3O_4–Fe- CO_2 (a) y Fe_2O_3–Fe-CO_2 (b) a 30 bar y velocidades de rotación de 200 y 400 rpm.

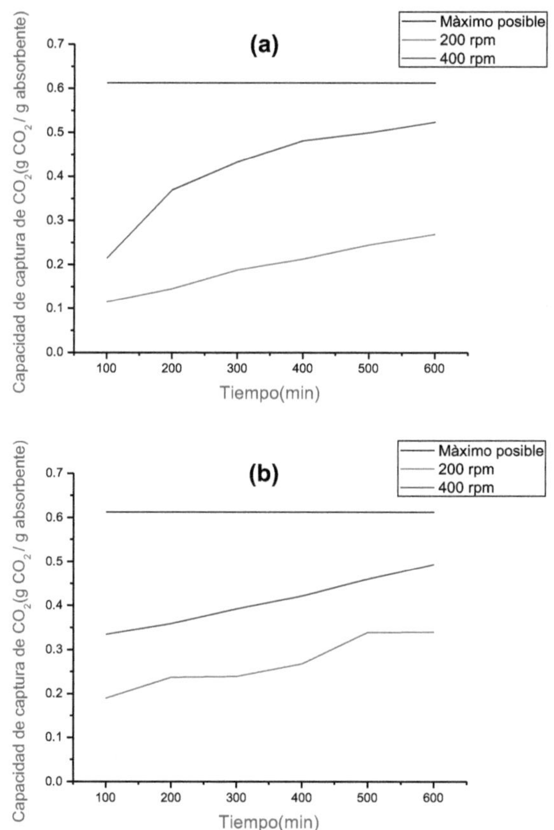

Fuente. El autor

De otro lado, y como se mencionó anteriormente, la carbonatación mediante interacción mecánico química de la magnetita y hematita usando grafito como agente reductor, se logró únicamente adicionando agua. Nuevamente el agua, actúa a manera de catalizador venciendo las limitaciones cinéticas. En la figura 55 se presentan las curvas de comportamiento de la capacidad de captura de CO_2 de los dos sistemas químicos estudiados como función del tiempo a presiones de 30, 20 y 10bar.

Figura 55. Capacidad de captura de CO_2 como función del tiempo de reacción para presiones de 30, 20 y 10bar en los sistemas Fe_3O_4-C-CO_2 y Fe_2O_3-C-CO_2 a temperatura de 32°C, en interacción mecánico química.

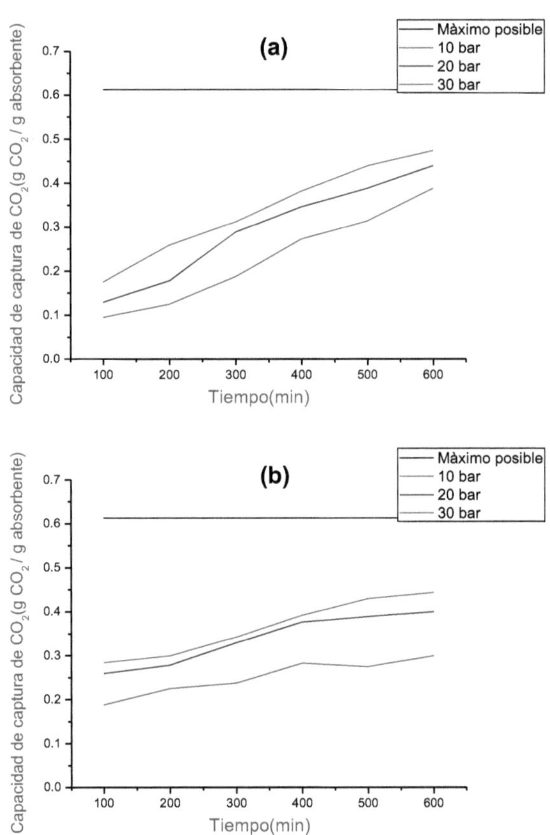

Fuente. Autor

Aunque la cinética en la carbonatación es más favorable usando hierro metálico como agente reductor, la tendencia presentada en la carbonatación por interacción mecánico química se mantiene acá usando grafito. Más presión, más captura y a su vez más captura en tiempos de reacción más extensos. Además usando grafito, aumentos en la velocidad de rotación sin sobrepasar la velocidad critica, se trasladan a mayores capacidades de captura de CO_2, como ocurrió usando hierro metálico. La capacidad de captura de CO_2 del sistema Fe_3O_4-C-CO_2 a 30 bar de presión de CO_2 y 400 rpm después de 36 horas de tiempo de reacción, es de 0,5157 g CO_2/g absorbente la cual es considerablemente más baja que la que se obtuvo usando hierro metálico a las mismas condiciones, la cual fue de 0,6101 g CO_2/g absorbente, generando siderita prácticamente pura.

4.2.2.2 Mineral de hierro. Se identificó un importante incremento en la cantidad de siderita (JCPDS número de carta # 00--029–0696) al carbonatar mineral de hierro junto con agua, mediante interacción mecánico química. La figura 56 presenta el patrón de difracción de rayos X generado a condiciones de 30 bar, 400 rpm, 32°C y 20 horas de tiempo de reacción.

Figura 56. Patrón de difracción de rayos X en la carbonatación de mineral de hierro a 30bar, 400rpm, 32°C y 20h

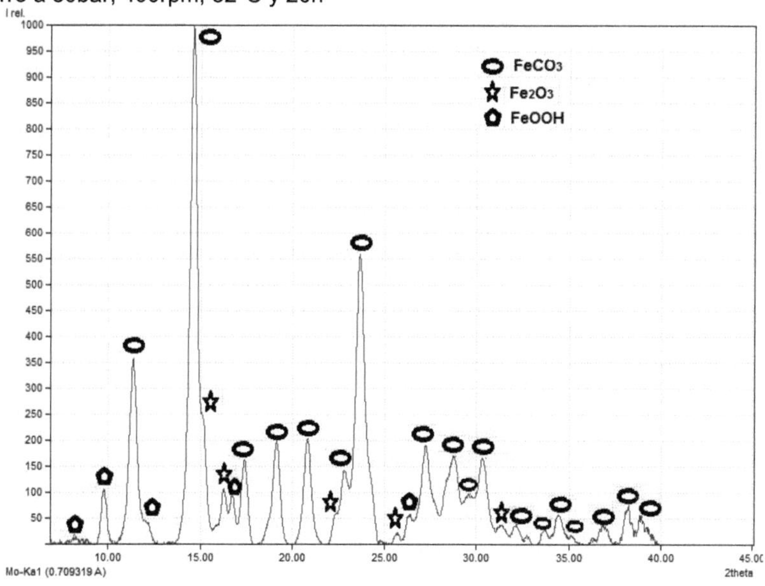

Fuente. El autor

La figura 56 demuestra que una considerable cantidad de siderita es obtenida mediante la acción mecánico química desde mineral de hierro junto con agua. Este hecho permite interpretar que alguno de elementos que fue considerado como impureza, actúa ahora como agente reductor; de acuerdo con el estado del arte, se puede asociar como ya se mencionó...véase sección 4.2.1.2... al azufre como elemento que cumple estas imprescindible labor [118]. A las condiciones de carbonatación fijadas, la capacidad de captura de CO_2 del mineral de hierro, más específicamente de la hematita y la goethita es de 0,1643g CO_2/g absorbente o 3,7341mmol CO_2/g absorbente calculado desde el refinamiento Rietveld. Este valor se traslada al 26.82% de la conversión. Los parámetros de red de la siderita son a = b = 4,7325 Å y c = 15,4778 Å.

En la tabla 10 se revelan algunos cálculos de la capacidad de captura de CO_2 del mineral de hierro a diferentes condiciones de presión de CO_2, velocidad de rotación y tiempo de reacción. Como se puede deducir desde los cálculos, los cuales son además soportados por las simulaciones mediante FactSage, la capacidad de captura a la misma temperatura se incrementa a más altas presiones y tiempos de reacción más extensos, comportamiento que ya ha sido suficientemente soportado y explicado anteriormente. Adicionalmente, es posible ratificar mediante estos resultados, que las velocidades de rotación más altas promueven la formación de siderita, siempre y cuando estén por debajo de la velocidad critica, Acá se demostró que la velocidad máxima ajustada de 400rpm está por debajo de la velocidad crítica y que menor cantidad de CO_2 fue capturada a 200 rpm.

4.3 ANALISIS DE REGENERACIÓN TÉRMICA

4.3.1 Simulaciones para calcinación. Como información de soporte, se hizo uso de los cálculos generados desde FactSage, para identificar las condiciones generales en la descomposición de la siderita. En la figura 57 se presenta el resultado de la simulación de siderita sometida a 300°C en atmósfera inerte. Se toma atmósfera inerte con la intención de identificar grafito o hierro metálico como productos de la calcinación, los cuales aportarán un valor agregado muy importante al someter el material a una nueva carbonatación. La figura 57 muestra la actividad en el equilibrio como función de la presión tomando valores de 0 a 1bar, los cuales se asocian a presiones en los ambientes propios para calcinar estudiados en esta investigación, como el de descargas de barrera de dieléctrico, el del gas de arrastre a presión atmosférica y a presiones más bajas, condiciones cercanas a las del ambiente de vacío. El resultado de la simulación revela que la siderita es descompuesta en estas condiciones. Como productos de la reacción de calcinación, aparecen en mayor concentración el grafito y la magnetita, y en menor

[118] GARCIA; *et al.* Sequestration of non-pure carbon dioxide streams in iron oxyhydroxide-containing saline repositories. Op. cit., p. 92,93

medida a las más bajas presiones, hierro metálico, lo cual está acorde con las reacciones de calcinación (10) y (11).

Tabla 10. Capacidad de captura de CO_2 de mineral de hierro a diferentes condiciones de presión, velocidad de rotación y tiempo de reacción

Presión (bar)	Velocidad de rotación (rev/min)	Tiempo de reacción (h)	Capacidad de captuta de CO_2 (mmol CO_2/gabsorbente)
10	400	3	1,075
10	400	6	1,9523
20	400	3	1,7545
20	400	6	2,9204
20	200	3	0,4318
30	200	3	0,6864
30	200	6	0,8545

Fuente. El autor

Figura 57. Simulación de calcinación desde siderita en atmósfera inerte a 300°C

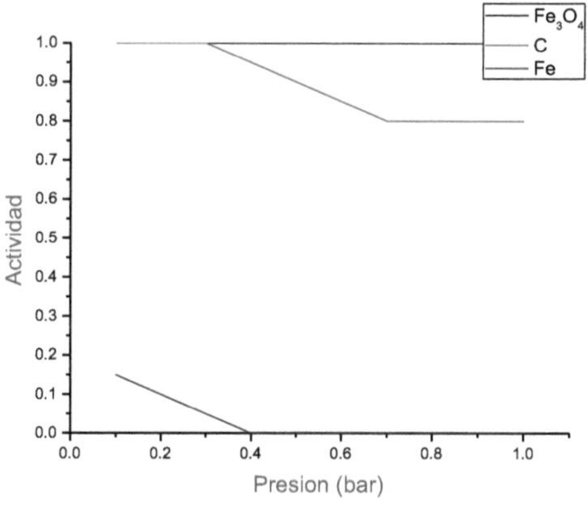

Fuente. El autor

Los cálculos específicos realizados a 1bar y 300°C los cuales se presentan a continuación, confirman la reacción de calcinación. El valor del cambio en la entalpía de formación para la reacción a esas condiciones es ΔH°= 0,7555 KJ, el cual es correspondiente con una reacción química de tipo endotérmico. Los productos de la reacción presentados son magnetita y grafito como ya se indicó anteriormente, con una actividad igual a 1, lo que pone de manifiesto la alta posibilidad de que al descomponer la siderita, es posible conseguir grafito, el cual actuará como agente reductor en una siguiente carbonatación.

```
 T = 300 C
 P = 1.0000 bar
 V = 0.34288 dm3

 STREAM CONSTITUENTS            AMOUNT/gram   TEMPERATURE/C   PRESSURE/bar
STREAM
 FeCO3_Siderite                  1.0000E+00         25.00         1.0000E+00
1
*********************************************************************
   Cp_INI          H_INI          S_INI          G_INI          V_INI
   J.K-1            J             J.K-1            J             dm3
*********************************************************************
  7.10149E-01  -6.57017E+03   8.24314E-01  -6.81594E+03   0.00000E+00

                               EQUIL AMOUNT   MOLE FRACTION     FUGACITY
 PHASE: gas_ideal                  mol                            bar
 CO2                            7.1909E-03      9.9942E-01      9.9942E-01
 CO                             4.1518E-06      5.7703E-04      5.7703E-04
 TOTAL:                         7.1950E-03      1.0000E+00      1.0000E+00
    System component           Mole fraction  Mass fraction
    Fe                          1.5239E-34     5.8012E-34
    O                           0.66660        0.72703
    C                           0.33340        0.27297
                                   gram                         ACTIVITY
 Fe3O4_Magnetite(s)             6.6616E-01                      1.0000E+00
 C_Graphite(s)                  1.7254E-02                      0.80000E+00
*********************************************************************
  DELTA Cp        DELTA H        DELTA S        DELTA G        DELTA V
   J.K-1            J             J.K-1            J             dm3
*********************************************************************
  2.44970E-01   7.55552E+02   1.68375E+00  -4.36178E+02   3.42877E-01

*********************************************************************
     Cp              H              S              G              V
   J.K-1            J             J.K-1            J             dm3
*********************************************************************
  9.55120E-01  -5.81462E+03   2.50807E+00  -7.25212E+03   3.42877E-01
```

4.3.2 Análisis Termogravimétrico TG y de Calorimetría Diferencial de Barrido DSC. Las reacciones de descomposición de la siderita $FeCO_3$, fueron experimentalmente estudiadas mediante dos análisis, el termogravimétrico y el de calorimetría diferencial de barrido, en atmósferas de aire y de gas argón, a partir de varias muestras carbonatadas bajo diferentes condiciones

En primer lugar, fue estudiada la muestra de siderita pura, es decir la que se obtuvo desde magnetita e hierro metálico a 30 bar, 400 rpm y 36 h. En la figura 58(a) y en la figura 58(b) se muestran los diagramas de TG y DSC para descomposición de los productos en atmósferas de argón y aire respectivamente, en un rango de temperaturas de 25 a 1000°C, ajustando una razón de cambio en el calentamiento de 10°C/min.

Un pico endotérmico confirma que un mecanismo de descomposición de la siderita de dos pasos es establecido bajo atmósfera inerte. Formación de wustita, FeO no estequiométrica en el primer paso, con máxima razón de cambio en la descomposición a 367°C, es seguido por su transformación a otros productos dependiendo de las condiciones experimentales. De esta manera la reacción en el primer paso es :

$FeCO_3 \rightarrow FeO + CO_2$ 34,27% pérdida de peso (21)

De acuerdo con Ding, J[119], como la wustita es una fase intermedia, generada en un corto tiempo e inestable debajo de los 563°C y como consecuencia de la desproporción entre hierro y magnetita, esta es parcialmente oxidada por el CO_2 generado en la reacción (21)[120]; la reacción llevada a cabo en el segundo paso es:

$4FeO \rightarrow Fe_3O_4 + Fe$ sin cambio de peso (22)

Por tanto, la reacción general en la descomposición de la siderita es:

$4FeCO_3 \rightarrow Fe_3O_4 + Fe + 4CO_2$ 34,27% pérdida de peso (23)

El hierro y la magnetita son estables debajo de 550°C. De acuerdo con el diagrama de la figura 58(a) existe una pequeña pérdida de peso de 1,95% con una máxima razón de cambio en 566°C, la cual se asocia a una nueva formación de wustita en atmósfera inerte. Ha sido demostrado que la wustita es estable solamente a temperaturas mayores a 550°C y que además la proporción de CO/CO_2 debe ser alta para prevenir la oxidación[121] [122]. Con incrementos de la temperatura la proporción molar FeO/Fe_3O_4 se incrementa también.

---

[119] DING, J. *et al.* Structural evolution of Fe + Fe_2O_3 during mechanical milling. En: Journal of magnetism and Magnetic Materials,1998. vol. 177, p. 933
[120] LUO, Y. OP. cit. p. 22
[121] Ibid., p. 23
[122] WARNE, S. Differential thermal analysis of siderite-kaolinite mixtures. En: American Mineralogist, 1972. vol 57, p. 960-966.

Figura 58. Diagramas de TG y DSC para descomposición de una muestra de siderita pura, obtenida desde interacción mecánico química en (a) argón, (b) aire a razón de calentamiento de 10°C/min.

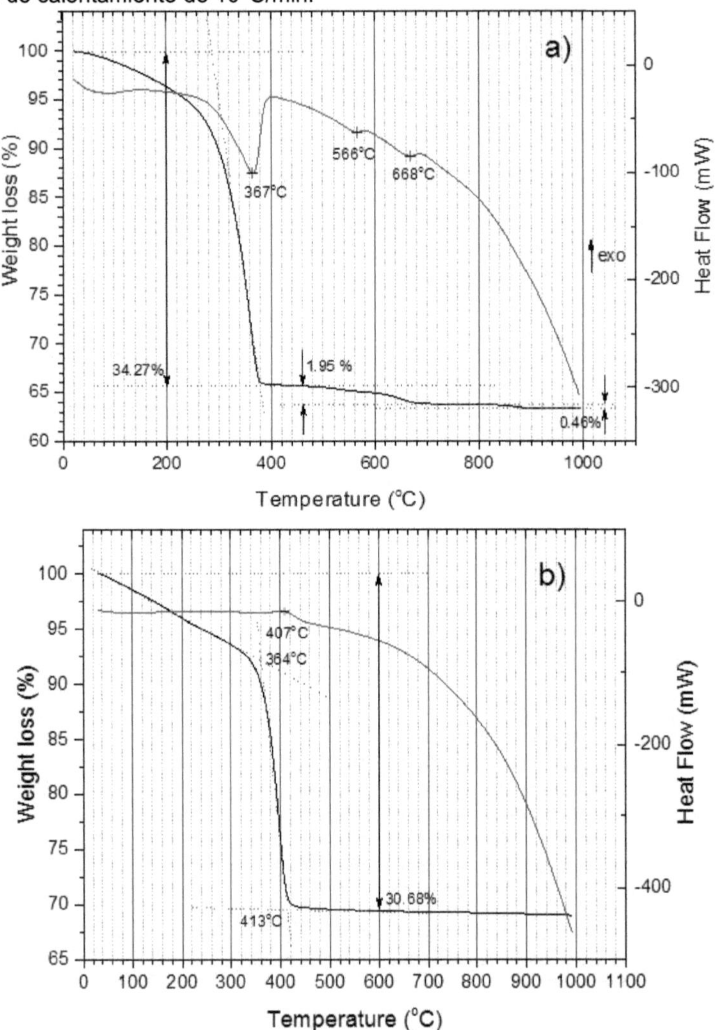

Fuente. El autor

Desde que el CO esta presente en la reacción, debido a la acción de FeO, las reacciones asociadas en el rango de temperaturas más altas de 367°C y más bajas de 566°C, son:

$Fe_3O_4 + Fe + CO_2 \rightarrow 4FeO + CO_2$	sin cambio de peso	(24)
$Fe_3O_4 + 2CO_2 + CO \rightarrow 3FeO + 3CO_2$	1,95% pérdida de peso	(25)
$2CO \rightarrow C + CO_2$	sin cambio de peso	(26)

Las reacciones (24) y (26) no representan pérdida de peso, mientras que por medio de la reacción (25) se genera el 1,95% de peso pérdido y de ahí la generación de grafito precipitado desde el gas, el cual es obtenido entre temperaturas de 400° y 600°C [123]. Además vale la pena mencionar que un camino más ha sido observado en la descomposición de la siderita, generando baja presión parcial de oxígeno:

$$3FeCO_3 \rightarrow Fe_3O_4 + 3C + 5/2O_2 \qquad (27)$$

Existe una pequeña pérdida de peso de 0,46% con la razón de cambio máxima en 668°C. Este cambio se asocia a la producción de hematita a altas temperaturas debido a una pequeña oxidación. Gallagher[124] identificó una aparente pérdida de peso cerca de los 675°C correspondiente a la aparición de hematita para una mezcla descompuesta en atmósfera de nitrógeno.

La figura 58 (b) muestra que en presencia de oxígeno, la oxidación de la wustita toma lugar rápidamente, produciendo hematita o magnetita, esta última en atmósfera oxidante moderada, de acuerdo a las siguientes reacciones:

$$3FeCO_3 + 1/2O_2 \rightarrow Fe_3O_4 + 3CO_2 \qquad (28)$$

$$4FeCO_3 + O_2 \rightarrow 2\,Fe_2O_3 + 4CO_2 \qquad (29)$$

Los diagramas de termogravimetría TG generados desde aire y argón tienen similar comportamiento. Sin embargo, los diagramas DSC tienen importantes diferencias. La temperatura de descomposicón de la siderita en aire es 407°C, 40°C más que la observada en la descomposición en atmósfera de argón, lo cual

[123] FRENCH, Op. cit. p. 1285

[124] GALLAGHER, P y WARNE, S. Thermogravimetry and thermal decomposition of siderite. En: Thermochimca, 1980. vol. 43, p 253-267

está acorde con otros trabajos de investigación[125] [126]. Adicionalmente, la pérdida total de masa durante la liberación de CO_2 en aire fue de 30,68%, la cual es menor que la pérdida en argón, debido a la oxidación de wustita y magnetita, por medio de las siguientes reacciones:

$$6FeO + O_2 \rightarrow 2\,Fe_3O_4 \qquad (30)$$

$$4Fe_3O_4 + O_2 \rightarrow 6Fe_2O_3 \qquad (31)$$

Como efecto global, aparece un pequeño pico exotérmico debido a que las reacciones (30) y (31) son fuértemente exotérmicas (ΔH_m^{Θ}= -636.13KJ/mol y ΔH_m^{Θ}= -586,77KJ/mol respectivamente) y tienen grandes valores de entalpía comparados con los generados en las reacciones de descomposición endotérmicos.

De acuerdo con el análisis termogravimétrico, la descomposición de la siderita y por tanto la liberación de dióxido de carbono ocurre en el rango de temperatura de 300 a 410°C; cuando la descomposición se hace en argón la pérdida total de peso es de 34,27%, trasladándose a una capacidad de captura de CO_2 por parte del absorbente de 0,5213 g CO_2/ g absorbente o 11,84 mmol CO_2/ g absorbente. Este valor es relativamente cercano al máximo téorico que es 13,91 mmol CO_2/ g absorbente, demostrando la alta factibilidad para capturar CO_2 por el método de interacción mecánico químico. La pequeña reacción de oxidación que ocurre al entrar en contacto el óxido de hierro regenerado, en este caso wustita, con el CO_2 causa la diferencia respecto de la capacidad de captura de CO_2 calculada desde el refinamiento Rietveld ... ver sección 4.2.2.1...

Como ya se indicó, la carbonatación de óxidos puros usando grafito, fue lograda únicamente mediante interacción mecánico química, adicionando una considerable cantidad de agua. La figura 59 presenta el comportamiento en la descomposición de una muestra obtenida desde el sistema Fe_3O_4-C-CO_2 a 30 bar, 400 rpm y 20 h. Cerca a los 100°C existe una pérdida de masa de alrededor del 15% debido a la liberación de la humedad presente, lo cual se puede confirmar mediante la presencia del pico endotérmico en la línea de flujo de calor. La liberación de CO_2 comienza desde los 250°C y la máxima razón de cambio se ubica cerca de los 340°C, temperatura de descomposición que es menor de la que se obtuvo desde la carbonatación desde sistemas que no incluyeron agua; acá, una importante evidencia del papel que cumple el agua se revela; es que no solamente actúa a manera de catalizador facilitando la carbonatación, sino que también define la estabilidad del material carbonatado[127] [128].

[125] Ibid., p 563
[126] LUO, Y. OP. cit. p. 23
[127] GOTOR, F . Op. cit. p.499

Figura 59. Diagramas de TG y DSC para descomposición de una muestra de siderita obtenida desde el sistema Fe_3O_4-C-CO_2 a 30bar, 400rpm y 20h en argón, a razón de calentamiento de 10°C/min.

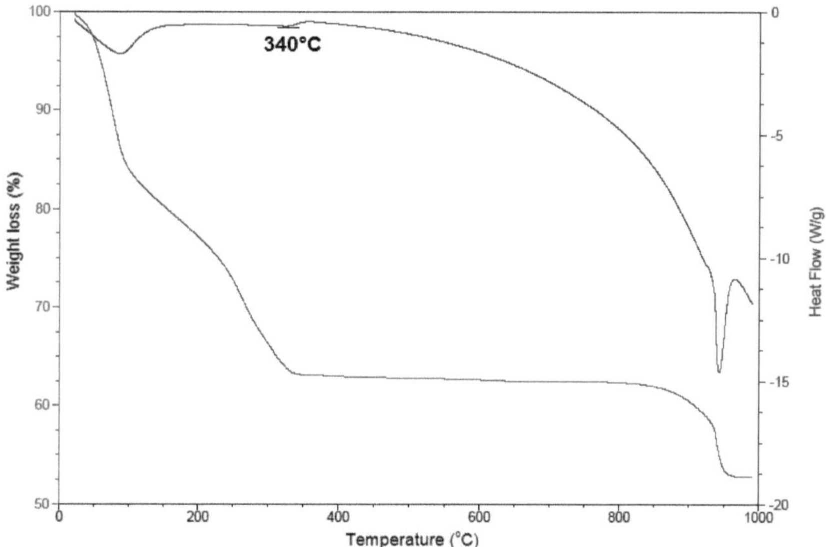

Fuente. El autor

El análisis de regeneración del material carbonatado desde sistemas que usaron mineral de hierro se puede ilustrar en la figura 60. Se tomaron dos muestras, una sometida a interacción mecánico química y la otra a tratamiento hidrotermal. La primera fue procesada a 30 bar, 400 rpm y 20 h Figura 60 (a), y la segunda adicionando hierro metálico a 100°C, 50 bar y 4 h, Figura 60 (b).

De acuerdo con el análisis de termogravimetría realizado en atmósfera de argón, alrededor de los 100°C existen picos endotérmicos que generan pérdidas de masa equivalente a 18 wt% en la muestra procesada en interacción mecánico química y del 6 wt% en las muestra procesada en acción hidrotermal; estas pérdidas corresponden a la liberación de agua adsorbida por el mineral de hierro. La diferencia porcentual en las cantidades de humedad se debe a que las muestras fueron carbonatadas a temperaturas diferentes.

---

[128] KUMAR, S The effect of elevated pressure, temperature and particles morphology on the carbon dioxide capture using zinc oxide. Op. cit. p.62

Figura 60. Diagramas de TG y DSC para descomposición en argón de muestras obtenidas desde mineral de hierro a 30bar, 400rpm y 20h (a) y desde mineral de hierro e hierro metálico, a 100°C, 50 bar y 4 h (b) a razón de calentamiento de 10°C/min

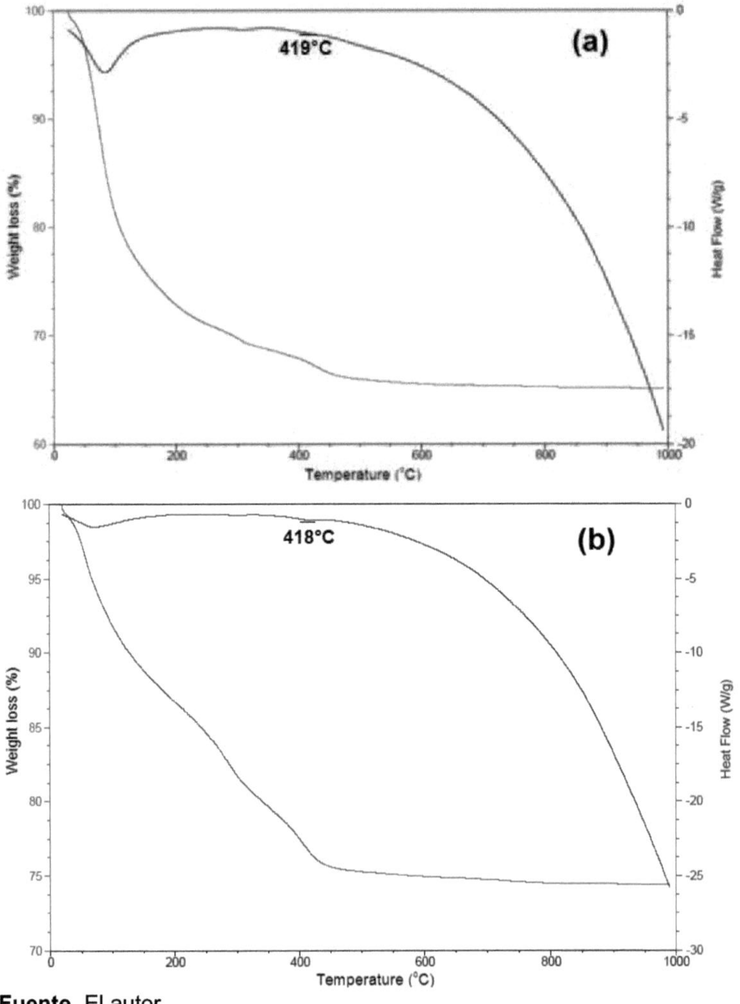

Fuente. El autor

En el intervalo de temperaturas comprendido entre 250°C y 375°C, se presentan pérdidas de peso en las dos muestras estudiadas, asociadas a la deshidratación total de la fase de goethita y de hidróxidos de hierro en la hematita (α Fe_2O_3), dependiendo su magnitud del contenido de los OH dentro de la estructura, acorde con lo reportado por Liu, *et al* [129]y por Betancur, *et al* [130].

La temperatura de descomposición de la siderita y por tanto de la liberación de CO_2 ocurre aproximadamente a la misma temperatura, en las dos muestras, 418°C y 419°C. Estas temperaturas, son notablemente más altas que las que experimentaron las muestras calcinadas desde óxidos de hierro puros en atmósferas de argón, como se ilustró anteriormente. Con este hecho se confirma que la temperatura de descomposición se incrementa con la disminución de la pureza. Gotor *et al*, [131] encontró que la temperatura de descomposición de siderita natural es aproximadamente 200K mayor que la necesaria para descomponer siderita sintética; Gallagher y Warne[132] reportaron similares resultados. Patterson [133] encontró que especialmente la presencia de magnesio, manganeso o calcio incrementa la temperatura de descomposición de la siderita.

4.3.3 Productos generados en la calcinación del hierro carbonatado. Con el fin de identificar los productos generados desde la calcinación, para así confirmar cuales de las reacciones de descomposición están teniendo lugar, se realizaron análisis de difracción de rayos X y de espectroscopia Raman a muestras sometidas a vacío, a descargas de barrera de dieléctrico y a gas de arrastre a presión atmosférica.

4.3.3.1 Calcinación en vacío. A partir del sistema de vacío ya descrito...ver sección 3.1.4..., las muestras fueron sometidas a temperaturas de entre 200 y 300°C, con el fin de encontrar la temperatura mediante la cual la siderita es completamente descompuesta. En la figura 61 es posible apreciar los patrones de difracción de rayos X de casi pura siderita procesada a 30b, 400rpm y 36h, y de los productos de siderita sometida a temperaturas de 200 y 300°C, durante 1hora.

[129] LIU, G *et al.* Thermal investigations of direct iron reduction with coal. En: Thermochim, 2004. Vol 410, p 133-140
[130] BETANCUR, J *et al.* El efecto del contenido de agua en la magnetita y en las propiedades estructurales de la goethita. En: J. Alloys and Comp, 2004. vol 369, p. 247-251
[131] GOTOR, F. Op. cit. p. 483
[132] GALLAGHER, P y WARNE, S. Thermogravimetry and thermal decomposition of siderite. En: Thermochimca, 1980. vol. 43, p 253-267
[133] PATTERSON, J y LEVI J. Relevance of carbonate minerals in the processing of Australian oil shales. En: Fuel, 1991. vol. 70, p. 1256

Figura 61. Patrones de difracción de rayos X de: muestra de siderita obtenida desde el sistema Fe_3O_4+Fe+ CO_2 a 30 bar, 400 rpm y 36 h, (patrón de color negro) y de muestras sometidas a 200 y 300°C en vacío durante 1 hora. En la parte baja, las líneas verticales azules corresponden picos de magnetita, las negras a hierro metálico y las rojas a siderita.

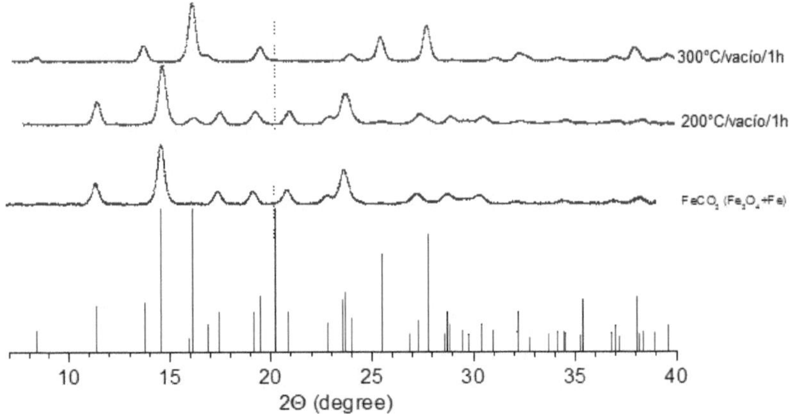

Fuente. El autor

Los patrones evidencian la descomposición de la siderita con el aumento de la temperatura, presentando descomposición parcial y total en 200°C y 300°C, respectivamente. Magnetita (JCPDS # 00-001-1111) e hierro metálico (JCPDS # 00-006-0696) pueden ser identificados en condiciones de total ausencia de siderita. Además del patrón de difracción, la presencia de hierro metálico se confirmó experimentalmente cuando se extrajeron las muestras del reactor; dichas muestras presentaron comportamiento pirofórico, el cual consiste en que una sustancia que tiene contenido de hierro metálico u otros metales experimenta ignición espontáneamente cuando se somete a contacto con aire húmedo. De otro lado, los picos correspondientes al grafito presentes en el patrón son débiles y no permiten confirmar plenamente mediante esta técnica, si el elemento está presente

La espectroscopia Raman es una técnica de amplio uso para caracterización de estructura molecular debido a que es muy sensible a los altamente simétricos enlaces covalentes con mínimo momento de dipolo natural. Los enlaces de carbón se adecúan perfectamente al anterior criterio y como la espectroscopia Raman es altamente sensible a ellos, es capaz de proveer una nutrida información sobre su estructura. Hodkiewickz [134], explica que a cada banda en el espectro Raman le corresponde directamente una específica frecuencia vibracional de un enlace dentro de una molécula. En el caso del grafito, la principal banda 1582cm^{-1} corresponde con la G band[135]. La presencia de bandas adicionales en el espectro del grafito indica que hay más enlaces de carbón con diferente energía de enlace. Aparece en el espectro Raman como banda visible un pico a los 1370cm^{-1} el cual fue reportado primero por Tuinstra y Koenig[136] y denominado modo D por el modo inducido-desordenado del grafito. Investigadores como Reich[137] y Wang[138] posteriormente confirmaron este valor como banda visible para el grafito.

Los patrones de espectroscopia Raman mostrados en la figura 62, fueron generados para muestras sometidas al vacío a 200, y 300°C durante 1 hora. En los patrones es posible identificar la presencia de grafito mediante los picos en1582 cm^{-1} y 1370 cm^{-1}, confirmando que las reacciones de calcinación (10) y (11) han tenido lugar. Este importante resultado sugiere que, después de la regeneración, magnetita Fe_3O_4, hierro metálico Fe, y grafito C, pueden ser además reciclados para así ser sometidos a un nuevo ciclo de carbonatación-calcinación, incluso ser sometidos a varios ciclos de este tipo de acuerdo a las reacciones (5), (6), (10) y (11).

Hierro metálico está presente en la reacción de calcinación, como se pudo apreciar el patrón de difracción de rayos X; este hecho está acorde con los reportes presentados por Gotor[139], Dhupe[140] y Fosbol[141], los cuales proponen como paso principal en la descomposición de la siderita, wustita FeO y CO_2, para después de eso, transformar la wustita a hierro y magnetita, lo cual se pudo evidenciar mediante el análisis termogravimétrico.

[134] HODKIEWICZ, J. Characterizing Carbon Materials with Raman Spectroscopy.Thermo Fisher Scientific, Madison, p 2.
[135] Ibid., p 3.
[136] TUINSTRA,F y KOENIG, J . Raman spectrum of graphite. En: J. Chem. Phys, *1970.* vol. 53, p. 1126.
[137] REICH, S y THOMSEN, C. Raman spectroscopy of graphite,» *The royal society,* vol. 362, pp. 2271-2278, 2004.
[138] WANG,Y,ALSMEYER, Y y MCCREERY, R. Raman Spectroscopy of Carbon Materials: Structural Basis of Observed Spectra. En: Chem. Mater, 1990. vol. 2, p. 560.
[139] GOTOR, F Comparative study of the kinetics of the thermal decomposition of synthetic and natural siderite samples. Op. cit., p 497.
[140] DHUPE, A y GOKARN, N. Studies in the Thermal Decomposition of Natural Siderites in the Presence of Air. En: International Journal of Mineral Processing, 1990 vol. 28, p. 215.
[141] FOSBOL, P *et al.* Review and recommended thermodynamic properties of FeCO3.Corrosion Engineering, Science and Technology *2013.,* p. 122.

Figura 62. Patrones de espectroscopia Raman a muestras descompuestas a 200, y 300°C en vacío.

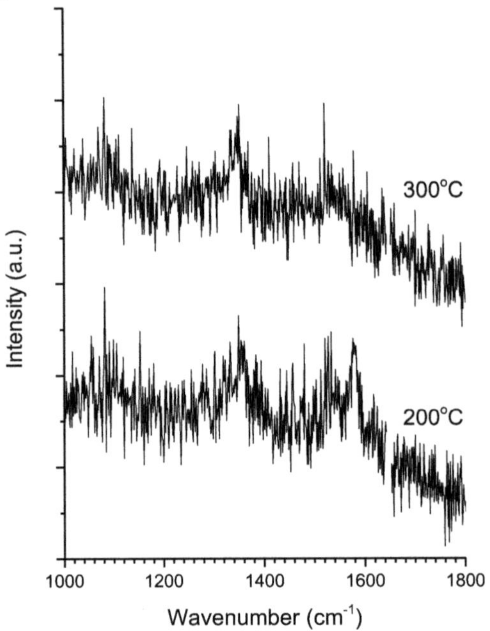

Fuente. El autor

Respecto del carbón en forma de grafito, su presencia se explica a partir de la transformación que puede experimentar la wustita en presencia de CO_2, la cual se traduce en magnetita y monóxido de carbono CO. El CO podría entonces formar grafito, el cual ha sido identificado en diferentes investigaciones en la descomposición de la siderita dentro de atmósferas inertes. Por ejemplo, en French y Rosemberg[142] la siderita fue descompuesta en magnetita, dióxido de carbono y monóxido de carbono. De ahí el grafito se precipita desde la fase de gas (CO) junto con CO_2. French[143] y Kolziol[144]demostraron que la siderita puede ser

[142] FRENCH, B. y ROSEMBERG, P. Siderite (FeCO3): Thermal Decomposition in Equilibrium with Graphite. *Science,* vol. 147, p. 1284-1285.
[143] FRENCH, B. Stability relations of siderite (FeCO3), determined in controlled-f 0 2 atmospheres,» Planetology Branch, Maryland, 1970.
[144] KOLZIOL, A. Carbonate and magnetite parageneses as monitors of carbon dioxide and oxygen fugacity,Lunar and Planetary Science XXXI, Dayton.

descompuesta en magnetita, oxígeno y carbono, dependiendo de la temperatura y la fugacidad del oxígeno.

Las muestras de mineral de hierro que fueron carbonatadas mediante la vía hidrotermal y la vía de interacción mecánico química, fueron totalmente calcinadas al someterlas al vacío durante 1 hora a la misma temperatura, 300°C. Patrones de rayos X similares se evidenciaron en la calcinación de las muestras desde los dos mecanismos de carbonatación estudiados. La figura 63 presenta el patrón de difracción de una muestra calcinada a 300°C, la cual fue carbonatada mediante interacción mecánico- química dónde se evidencia la presencia de magnetita (JCPDS # 00-001-1111), hematita (JCPDS # 00-089-2810), que ya estaba presente en la muestra antes de calcinar y grafito (JCPDS # 00-026-1079). En este caso, además de no haber presencia de hierro metálico, ni de goethita, la cual fue deshidratada cerca de los 250°C como fue evidenciado en el análisis de termogravimetría, las muestras no presentaron comportamiento pirofórico.

Figura 63. Patrón de difracción DRX de una muestra calcinada a 300°C en vacío, durante 1 hora, desde mineral de hierro carbonatado mediante interacción mecánico- química.

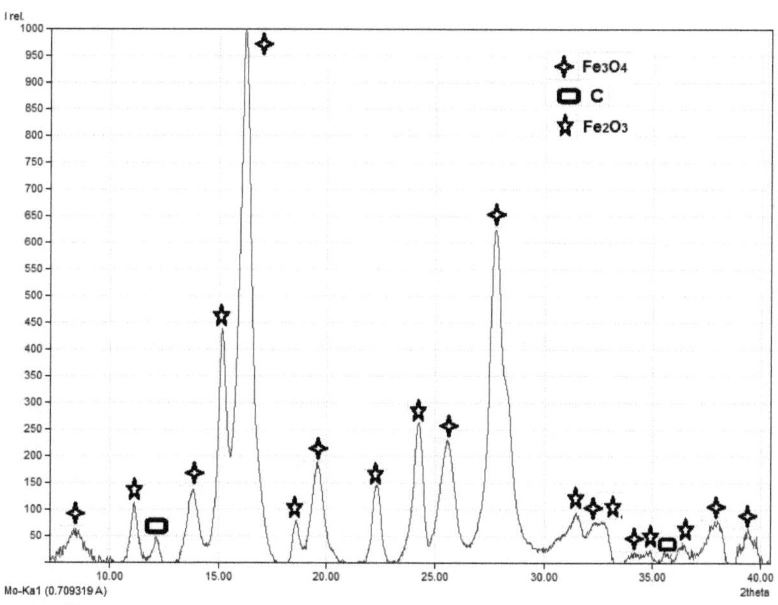

Fuente. El autor

Nuevamente se empleó la espectroscopia Raman para confirmar la presencia de grafito como producto de la calcinación. De acuerdo con el patrón Raman mostrado en la figura 64, generado desde la muestra carbonatada en interacción mecánico química y calcinada a 300°C, es posible asegurar que la reacción de calcinación (10) tiene lugar en esas condiciones, debido a la presencia, aunque no tan marcada como la revelada en los patrones generados desde muestras que utilizaron óxidos puros de hierro, de los picos a 1582 cm^{-1} y 1370 cm^{-1}, los cuales son característicos del grafito, como ya se explicó.

Figura 64. Patrón Raman de una muestra calcinada 300°C carbonatada desde mineral de hierro mediante acción mecánico química.

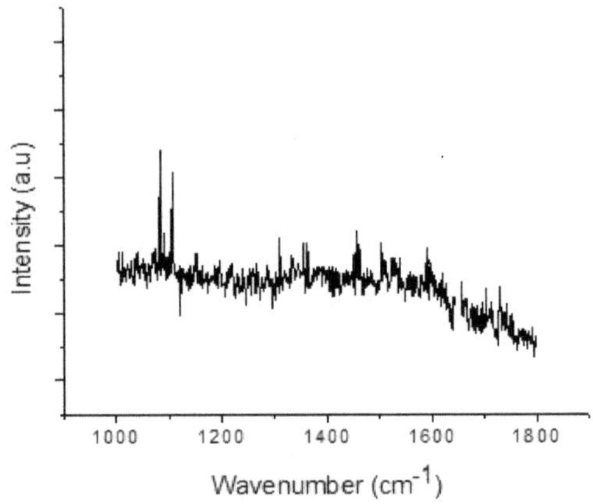

Fuente. El autor

4.3.3.2 Calcinación mediante descargas de barrera de dieléctrico. Como ya se demostró, la naturaleza del plasma de barrera de dieléctrico no permite carbonatar óxidos ni mineral de hierro, debido a las condiciones termodinámicas propias de esta tecnología; sin embargo, esas mismas condiciones sugieren que los óxidos o el mineral de hierro carbonatado, pueden ser calcinados bajo atmósferas de plasma. La figura 65 ratifica esa afirmación. Material carbonatado, procesado a 30bar de presión de CO_2, 150°C y 4h desde el sistema Fe_2O_3-Fe-CO_2 que presentó una capacidad de captura de CO_2 de 6,1324 mmol CO_2/g absorbente, fue sometido a la descarga de barrera de dieléctrico, generada por el sistema ya descrito...ver sección 3.1.2...; el ajuste en la variables eléctricas para conseguir plasma estable fue 5,2kV, 20,02kHz y potencia eléctrica activa entregada de 28W.

Figura 65. Patrón de difracción DRX en la calcinación en aire mediante plasma a 5,2kV, 20,02kHz, 28W, temperatura promedio de 320°C y 30 minutos, de una muestra carbonatada desde el sistema Fe_2O_3-Fe-CO_2 por vía hidrotermal.

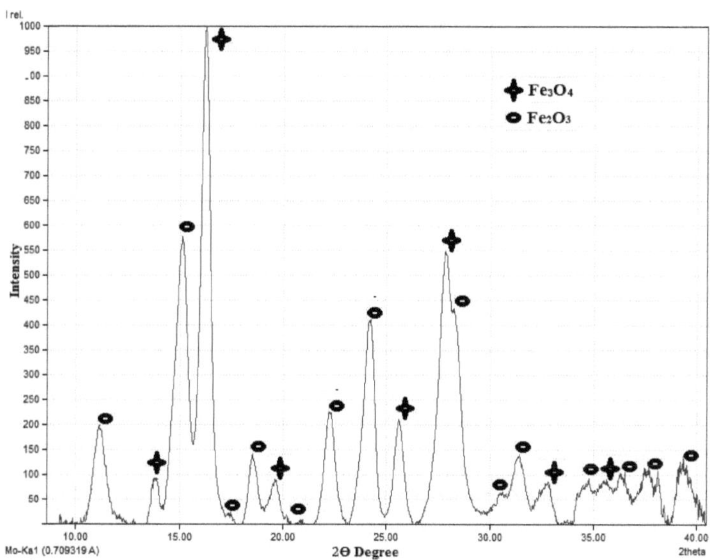

Fuente. El autor.

Bajo las condiciones eléctricas de operación, y a una temperatura promedio dentro del plasma de 320°C fue posible descomponer completamente el hierro carbonatado como se muestra en la figura. La calcinación tuvo lugar en atmósfera de aire, lo que evidencia la ejecución de la reacción (6).

Con el fin de identificar las condiciones de calcinación en atmósfera inerte, se generó plasma en atmósfera de argón, gas que tiene una constate de rigidez dieléctrica entre 3 y 5 veces menor que la del aire. Se obtuvo plasma estable en condiciones eléctricas de 3,9 kV a 20,02 kHz y 22,2 W; la temperatura generada promedio en el gas fue de 265°C, condición en la cual la muestra presentó calcinación total como se muestra en la figura 66. Dentro de los productos identificados después de la calcinación aparece la magnetita (JCPDS # 00-001-1111), la, hematita (JCPDS # 00-089-2810), que ya estaba presente en la muestra antes de calcinar y aparecen picos débiles de grafito (JCPDS # 00-026-1079).

Figura 66. Patrón de difracción DRX en la calcinación en argón mediante plasma a 3,9 kV, 20,02 kHz, 22,2 W, temperatura promedio de 265°C y 30 minutos, de una muestra carbonatada desde el sistema Fe_2O_3-Fe-CO_2 por vía hidrotermal.

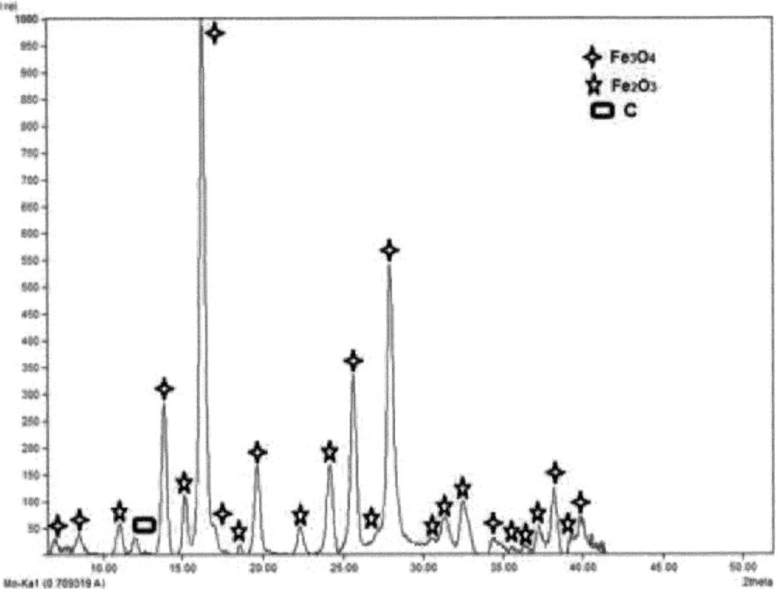

Fuente. El autor

La confirmación plena de que el grafito se hace presente en la calcinación bajo plasma en atmósfera inerte, y que a su vez revela la ejecución de la reacción (10), se realiza por medio de la espectroscopia Raman. En la figura 67 se presenta el patrón Raman de la muestra descompuesta. Los picos presentes en las frecuencias 1582 cm^{-1} y 1370 cm^{-1} permiten definir que el carbón en forma de grafito, es producto de la calcinación. Lo anterior pone a la tecnología de descargas de barrera de dieléctrico como una interesante vía de regeneración de óxidos de hierro en aplicaciones de captura de CO_2.

Figura 67. Patrón Raman de siderita calcinada mediante plasma DBD a 265°C en atmósfera de argón durante 30 minutos

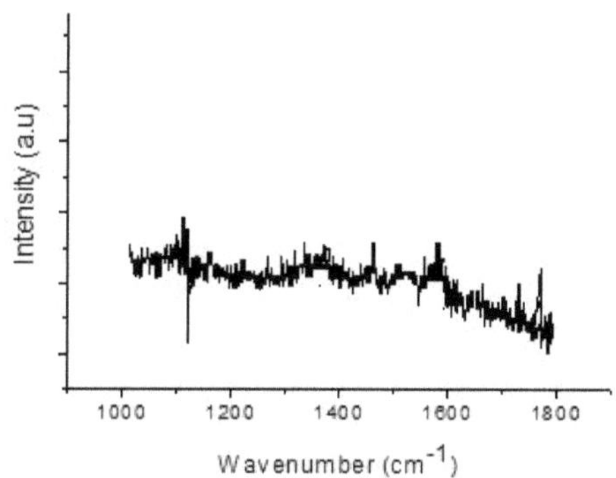

Fuente. El autor

4.3.3.3 Calcinación con gas inerte a presión atmosférica. Empleando el sistema ya descrito...véase sección 3.1.5...se sometieron a temperaturas de descomposición algunas muestras carbonatadas. En términos generales, la temperatura que fue necesaria ajustar para lograr la descomposición fue considerablemente más alta de la que se ajustó en el sistema de vacío y de la que se generó después de la descarga de barrera de dieléctrico. En la figura 68 de presentan los patrones de difracción de rayos X de muestras carbonatadas desde el sistema Fe_3O_4-Fe-CO_2 a 400rpm, 30bar y 36h, es decir casi pura siderita, sometiéndola a temperaturas de 200, 300 y 400°C en atmósfera de argón a presión atmosférica.

Los patrones de difracción generados, sugieren que 300°C no es temperatura suficiente para descomponer la siderita mediante esta técnica, mientras las muestras sometidas a 400°C no presentaron siderita dentro de los productos. Como producto de la descomposición aparece magnetita (JCPDS # 00-001-1111) prácticamente pura. Al igual que lo presentado acá, siderita obtenida desde sistemas a base de hematita y mineral de hierro que fueron calcinadas mediante esta técnica, sufrieron descomposición total a temperatura superior a la ajustada mediante vacío y superior a la generada en el plasma.

Figura 68. Patrones de difracción de rayos X de muestras sometidas a temperaturas de 200, 300 y 400°C durante 1 hora, en atmósfera de argón y presión atmosférica a partir de muestras carbonatadas desde el sistema Fe_3O_4-Fe-CO_2 a 400rpm, 30bar y 36h. En la parte baja, las líneas verticales azules corresponden picos de magnetita, las negras a hierro metálico y las rojas a siderita.

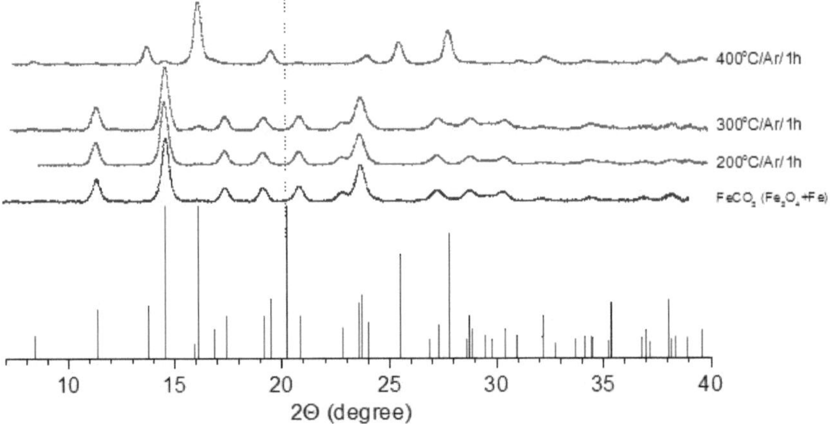

Fuente. El autor.

4.3.3.4 Descomposición espontánea. En virtud de que la cantidad de agua adicionada a la muestra durante la carbonatación de los óxidos puros y el mineral de hierro, afecta no solamente la capacidad de captura de CO_2, sino la estabilidad de la siderita generada, se propuso identificar las condiciones mediante las cuales es posible carbonatar con la cantidad de agua suficiente, a fin de lograr que la temperatura de descomposición sea lo menor posible, incluso a temperatura ambiente. Lo anterior es idóneamente posible en un ambiente dónde el agua se pueda mantener en mayor cantidad durante la carbonatación, para que pueda ejercer su papel de descomposición; la técnica descubierta acá, y denominada de interacción mecánico química es la más adecuada para lograr este cometido, debido a su baja temperatura de operación.

En esta parte de la investigación, se propuso carbonatar el sistema Fe_3O_4-C-CO_2 debido a que al usar el grafito como agente reductor se disminuye altamente los costos al implementarlo en un proceso real, pues el hierro metálico aunque es termodinámicamente más favorable, es más costoso debido a su menor disponibilidad.

En primer lugar, se generaron cálculos mediante simulaciones en FactSage, con el fin de establecer la factibilidad termodinámica de la carbonatación propuesta. En la figura 69 se revela mediante el comportamiento de la temperatura como función de la presión en equilibrio, la influencia del agua en la estabilidad del sistema Fe_3O_4-C-CO_2. Es posible evidenciar desde la simulación, que la estabilidad del sistema está fuertemente influenciada por la cantidad de agua presente en la mezcla; si la cantidad es 1 mol de agua, la temperatura en el equilibrio desciende en promedio unos 25°C, incluso, si la cantidad se aumenta a 5 moles, la caída es del orden de los 75°C. La gráfica evidencia que a bajas presiones, la temperatura de descomposición es menor de 100°C, cuando se adicionan 15mol de agua. Lo anterior sugiere que incrementando aún más la cantidad de agua, es posible lograr la descomposición de la siderita a temperatura del medio ambiente.

Figura 69. Simulación en FactSage de la temperatura de equilibrio como función de la presión de gas CO_2, revelando la influencia de la cantidad de agua en la estabilidad de la siderita formada a partir del sistema Fe_3O_4-C-CO_2

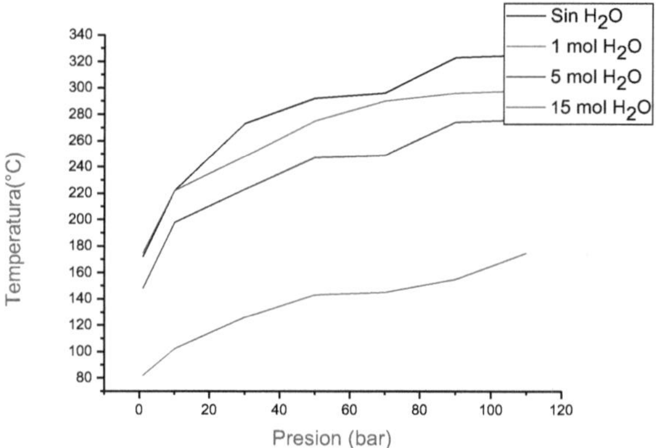

Fuente. El autor.

Experimentalmente, y de acuerdo con la estequiometria de la reacción (7), se adicionaron diferentes cantidades molares de agua para conocer la estabilidad del material carbonatado. Se realizaron experimentos adicionando precisamente 15 moles, de acuerdo a la reacción (7), con el fin de analizar la cinética de la descomposición de la siderita. Estos 15 moles de agua constituyen una cantidad de masa aproximadamente igual a la que se genera como sustancia sólida en el sistema Fe_3O_4-C. En la figura 70 se muestra el patrón de difracción de rayos X de la muestra inicialmente carbonatada a 30bar, 400pm y 36h, adicionando 15 moles de agua, a la mezcla.

Figura 70. Patrón de difracción de rayos X en la carbonatación del sistema Fe_3O_4-C-CO_2 a 30bar, 400pm y 36h adicionando 15 moles de agua.

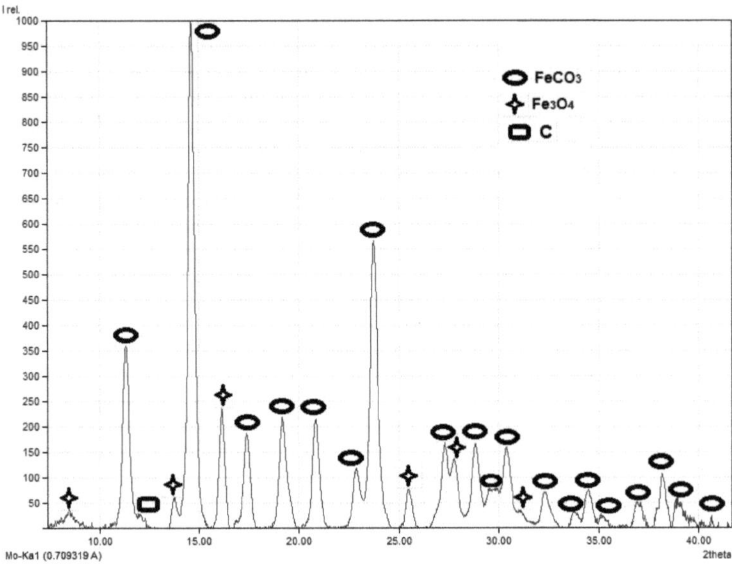

Fuente. El autor.

La siderita (JCPDS # 00--029–0696) se hace presente con un 83,1% del peso total de muestra, según los resultados del refinamiento Rietveld, lo que se traduce en una capacidad de captura de CO_2 de 0,4594 g CO_2/ g absorbente, trasladándose a un 74,99% de conversión. La muestra fue entonces tratada en un mortero de ágata con pistilo, con el fin de pulverizarla lo mejor posible. Después de eso, el material obtenido fue pesado mostrando una ganancia de casi el doble del peso inicial de la muestra sólida, al pesar 5,87g. Posteriormente, el material fue extendido uniformemente sobre el mortero con el fin de exponerlo a condiciones medioambientales, en este caso la temperatura y la presión del laboratorio, las cuales son 20°C y 1019mbar respectivamente.

Después de las primeras 24 horas de exposición a condiciones ambientales, el material presentó notables cambios; la cantidad de siderita presente disminuyó en un 18% de acuerdo al resultado generado desde el refinamiento Rietveld. A su vez, se hizo presente un aumento en la cantidad de magnetita, lo que evidencia que la reacción de calcinación (6) se lleva a cabo en estas condiciones. La figura

71 presenta el patrón de difracción de rayos X generado desde la muestra, 24 horas después de la descomposición espontánea.

Figura 71. Patrón de difracción de rayos X para muestra descompuesta espontáneamente durante de 24 horas

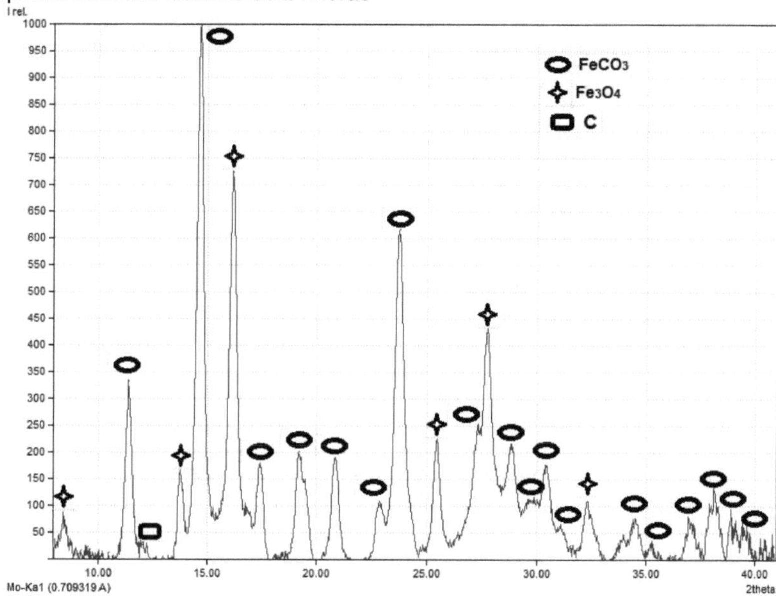

Fuente. El autor.

Los cambios en la muestra fueron estudiados para tiempos de reacción más largos, realizando análisis de rayos X cada 24 horas. En la tabla 11 se presentan los cálculos porcentuales de la cantidad de siderita presente en la mezcla para diferentes tiempos de reacción espontánea, tomando como tiempo máximo 216 horas, correspondiente a 9 días debido a que en ese tiempo se considera que se ha conseguido la descomposición total, como se puede confirmar en el patrón de difracción de rayos X de la figura 72.

Tabla 11. Medida de pérdida porcentual de peso con el tiempo de siderita sometida a descomposición espontánea, calculado desde refinamiento Rietveld

Tiempo de reacción de calcinación (h)	Porcentaje de peso de $FeCO_3$ (%)
24	65,45
48	49,59
72	37,13
96	29,35
120	21,96
144	15,64
168	9,98
192	4,88
216	0,17

Fuente. El autor

Figura 72. Patrón DRX de siderita totalmente descompuesta de manera espontánea después de 216 horas.

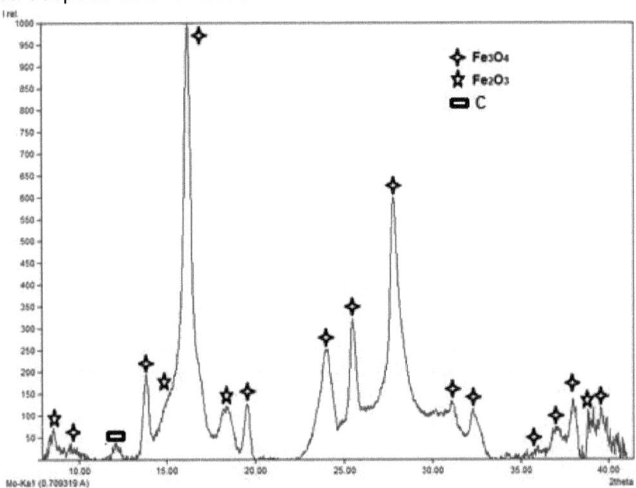

Fuente. El autor

La siderita carbonatada por acción mecánico-química ha desaparecido totalmente después de 216 horas de reacción espontánea. Del patrón de difracción de rayos X mostrado en la figura 72 se pueden inferir que la presencia de hematita (JCPDS # 00-089-2810) se debe a que otra reacción de calcinación de siderita se lleva a cabo, en la cual ésta se transforma en hematita y dióxido de carbono en atmósfera oxidante[145] para tiempos de reacción más prolongados, así:

$$4FeCO_3 + O_2 \rightarrow 2Fe_2O_3 + 4CO_2 \qquad (32)$$

Los resultados anteriormente presentados, ponen de manifiesto que la descomposición del material carbonatado puede ser lograda a determinadas condiciones, sin tener gasto energético alguno, lo que abre grandes expectativas respecto de la aplicación de la vía de captura por interacción mecánico química con posterior calcinación espontánea en procesos no solamente de producción de acero, sino en otros dónde los óxidos y el mineral de hierro podrían ser utilizados de manera exclusiva para captura de emisiones de CO_2 como en la generación de energía, la producción de cemento etc.

4.4 RECICLABILIDAD DE LOS MATERIALES CALCINADOS

Después de la calcinación del hierro carbonatado generado desde diferentes sistemas químicos que incluyen óxidos puros de hierro, mineral de hierro, hierro metálico y grafito, con y sin adición de agua, se procesaron diferentes muestras junto con CO_2 con el fin de conocer su comportamiento en nuevos ciclos de carbonatación – calcinación.

4.4.1 Ciclos carbonatación-calcinación por vía hidrotermal. Las muestras calcinadas mediante vacío o descargas de barrera de dieléctrico que presentaron como productos, magnetita, hematita, hierro metálico y grafito, fueron procesadas nuevamente dentro del sistema cerrado, dónde es posible ajustar los valores de temperatura y presión.

Se tomaron como base de estudio dos muestras. La primera, es la que al ser carbonatada mediante interacción mecánico química generó siderita casi pura, y que al ser calcinada en vacío produjo magnetita, hierro metálico y grafito evidenciando termólisis. La segunda, fue carbonatada desde mineral de hierro que al calcinar generó magnetita y grafito, en vacío.

Inicialmente no hubo captura de CO_2 a partir de la interacción del material calcinado con CO_2 a presiones de 30, 40 y 50bar, temperaturas de 100, 150 y 200°C y 4horas de tiempo de reacción, en ninguna de las muestras seleccionadas. Posteriormente se buscó la carbonatación adicionando diferentes cantidades de agua a las muestras calcinadas operando en el mismo rango de presiones, temperaturas y tiempos de reacción anteriormente descritos, pero nuevamente, no fue posible identificar siderita en los productos de la reacción.

---

[145] LUO, Op. Cit. p. 18.

El siguiente paso fue buscar la carbonatación incluyendo agente reductor. Por las razones ya conocidas, se realizaron inicialmente experimentos adicionando grafito y agua a los óxidos regenerados, pero no hubo carbonatación en reacciones a diferentes presiones, temperaturas y tiempos de reacción. Finalmente, la carbonatación es lograda en las dos muestras a las temperaturas, presiones y tiempos ya expuestos, adicionando agua e hierro metálico; este último en una cantidad aproximada de un mol, una cantidad alta teniendo en cuenta que ya se encontraban ciertas cantidades de agente reductor dentro de los productos de la calcinación.

Después de cada carbonatación, la muestra que utilizó magnetita como materia prima inicial, fue calcinada en vacío y la que utilizó mineral de hierro fue descompuesta mediante plasma DBD en atmósfera de argón. Los productos identificados después de cada calcinación corresponden con los ya evidenciados en los experimentos explicados en el apartado de calcinación...véase secciones 4.3.3.1 y 4.3.3.2...En la tabla 12 se muestran los cálculos de capacidad de captura de CO_2 generados desde los refinamientos Rietveld, para los dos sistemas estudiados, en mezclas sometidas a 50bar, 100°C y 4h, para las que fue necesario adicionar sustancias extras para lograr la carbonatación. La reciclabilidad de estos sistemas usando en método de carbonatación hidrotermal fue estudiada hasta el tercer ciclo, debido a que la capacidad de captura de CO_2 disminuyó dramáticamente entre el segundo y tercer ciclo a valores casi despreciables.

Tabla 12. Capacidad de captura de CO_2 en diferentes ciclos, desde los sistemas químicos Fe_3O_4-Fe, y Fe_2O_3-FeOOH-Fe en mezclas sometidas a 50bar, 100°C y 4h, para las que fue necesario adicionar sustancias extras para lograr la carbonatación.

Sistema químico	Número de ciclo	Sustancias extras aderidas	Capacidad de captura de CO_2 (mmol CO_2/gabsorbente)
Fe_3O_4-Fe	2	Agua + 1mol Fe	5,0567
	3	Agua +1mol Fe	2,9598
Fe_2O_3-FeOOH-Fe	2	Agua + 1mol Fe	4,8687
	3	Agua + 1mol Fe	2,7125

Fuente. El autor

De los resultados presentados, se puede inferir que existe una capacidad de captura mayor en el sistema que utilizó inicialmente magnetita, debido a que al descomponer su material carbonatado, se genera hierro metálico dentro de los productos de la reacción, lo que no ocurre con la muestra carbonatada desde mineral de hierro; esa cantidad de hierro metálico adicional hace la diferencia en el proceso de captura en el siguiente ciclo.

4.4.2 Ciclos carbonatación-calcinación por vía mecánico-química. En esta parte de la investigación se tomaron como base nuevamente las muestras que se estudiaron en diferentes ciclos carbonatación-calcinación mediante vía hidrotermal. Inicialmente, se sometieron los productos calcinados junto con el CO_2 a 30bar de presión de gas, 400rpm y 20 horas de tiempo de reacción, pero los análisis de difracción de rayos X no evidenciaron presencia de siderita.

Fue necesario entonces hacer uso de agente reductor. Partiendo de la base de que la prioridad la tiene el grafito, se adicionaron diferentes cantidades molares de este elemento a los productos de la calcinación de la mezcla carbonatada desde el sistema Fe_3O_4+Fe; la reacción fue sometida a 30bar, 400rpm y 20h, después de eso las muestras que se lograron carbonatar, fueron sometidas a calcinación en vacío a 300°C durante 1 hora. En la figura 73 es posible verificar que importantes cantidades de siderita fueron nuevamente formadas cuando la cantidad de grafito extra adicionado, excedió el 3% en porcentaje en moles. Es de anotar que cuando fue adicionado 1% en porcentaje de moles, la magnetita no fue convertida en siderita, en lugar de ello esta fue transformada en wustita FeO; este comportamiento fue presentado por Ding, *et al*[146] para tiempos largos de interacción mecánico química.

Siderita en un porcentaje de peso cercano a 95% fue formada durante los ciclos 2, 3 y 4, a condiciones de 30bar, 400rpm, 20h, partiendo del mismo material, hierro carbonatado casi puro, más 3% molar de grafito. La figura 74 muestra el patrón de rayos X de los productos formados después de la cuarta carbonatación así como el de los productos generados después de la cuarta calcinación. Magnetita, hierro metálico y grafito, fueron identificados después de la cuarta decarbonatación, lo cual sugiere que este material puede incluso ser usado en posteriores ciclos; un análisis más detallado del comportamiento del material y las diferencias encontradas con la carbonatación hidrotermal será realizado...en la sección 4.5...

[146] DING, J. Op. cit., p. 934.

Figura 73. Patrones de difracción DRX en la segunda carbonatación de los óxidos regenenerados usando diferentes porcentajes molares de extra grafito. Las líneas verticales rojas coinciden con los picos de siderita y las negras con magnetita.

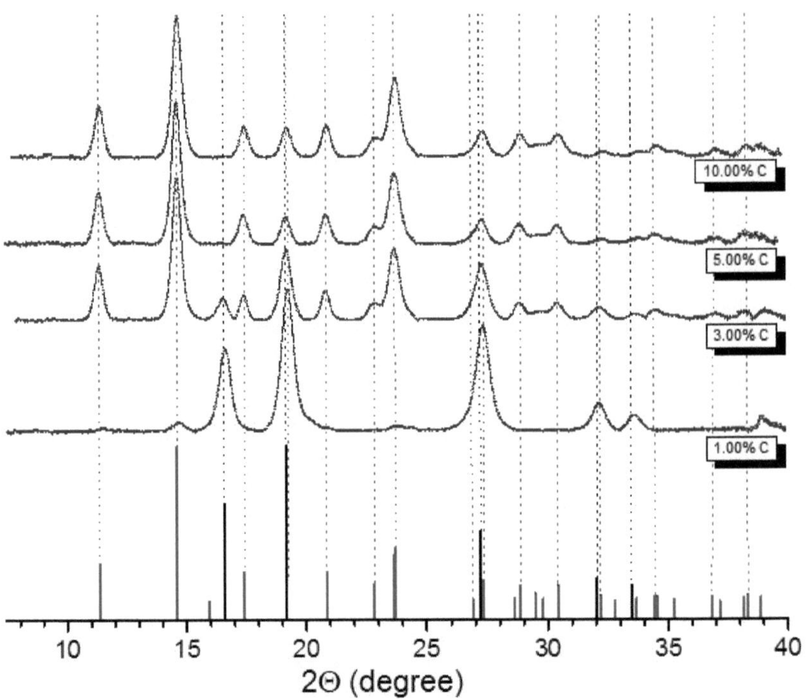

Fuente. El autor

El estudio de la factibilidad de la muestra carbonatada a partir de mineral de hierro presentó algunas diferencias sustanciales debido a que el material incluye impurezas como el azufre; este hecho en lugar de ser una limitación, es una ventaja como ya se indicó, pues actúa como agente reductor. Las muestras de este material fueron sometidas a presiones de 10, 20 y 30 bar, velocidad de rotación de 400 rpm y 20 horas de tiempo de reacción. En las condiciones anteriormente explicadas, siempre se consiguió carbonatar el material, adicionando agua, es decir sin necesidad de utilizar agente reductor extra. Después de carbonatar a 30 bar, 400 rpm y 20 h las muestras fueron descompuestas en plasma DBD. La tabla 13 muestra los cálculos realizados de la capacidad de captura de CO_2 del material carbonatado para varios ciclos carbonatación-calcinación. Los valores de capacidad de captura se incrementaron con cada carbonatación, mismo comportamiento que se presentó en las muestras procesadas desde magnetita e hierro, lo que confirma la factibilidad cíclica de no solamente óxidos puros de hierro sino mineral de hierro como materiales precursores en la captura de CO_2 mediante interacción mecánico química.

Figura 74. Análisis de difracción DRX a los productos generados en la carbonatación y calcinación después del cuarto ciclo, tomando como base el sistema Fe_3O_4+Fe y carbonatación por interacción mecánico química.

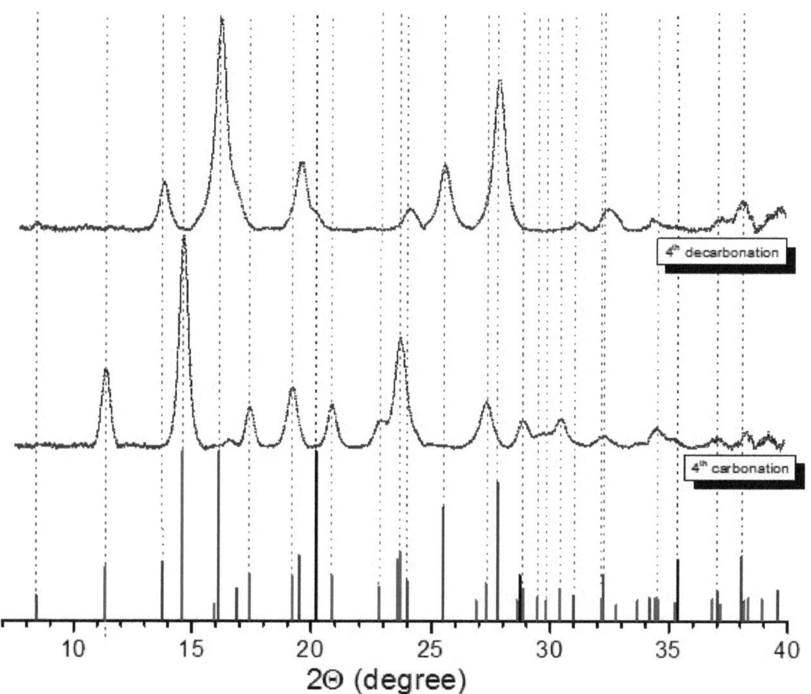

Fuente. El autor.

Tabla 13. Capacidad de captura de CO_2 en diferentes ciclos, desde el sistema químico Fe_2O_3-FeOOH en mezclas sometidas a 30 bar, 400 rpm y 20 h, para las que fue necesario adicionar agua para lograr la carbonatación.

Número de ciclo	Sustancias extras adicionadas	Capacidad de captura de CO_2 (mmol CO_2/gabsorbente)
2	Agua	4,1354
3	Agua	6,2158
4	Agua	6,9611

Fuente. El autor

4.5 ANÁLISIS COMPARATIVO Y DISCUSIÓN SOBRE LOS PROCESOS DE CARBONATACIÓN Y CALCINACIÓN. PROYECCIÓN PARA APLICACIÓN EN PROCESOS INDUSTRIALES.

En este último apartado del capítulo, se realiza un estudio comparativo entre las vías utilizadas para carbonatación, presentando los aspectos más relevantes de cada una, y su comportamiento principalmente desde el punto de vista cinético. Finalmente se realiza una discusión sobre la proyección que se suscita a partir de los resultados presentados, en la implementación de sistemas o dispositivos reales en procesos industriales que contribuyan con la reducción de las emisiones del gas dióxido de carbono, como principal causante del calentamiento global.

A partir de las simulaciones termodinámicas, de los resultados preliminares y de los resultados en las experimentaciones en carbonatación y calcinación, es posible interpretar el comportamiento de los sistemas químicos estudiados y la aplicación que tendría cada una de las tecnologías estudiadas. La figura 75 presenta la ubicación termodinámica que tiene cada una de las tecnologías en el diagrama de temperatura como función de la presión, en el equilibrio.

A partir de la ubicación termodinámica de cada una de las tecnologías utilizadas para carbonatar, es posible inferir que la carbonatación de óxidos y mineral de hierro mediante descargas de barrera de dieléctrico es totalmente restringida, debido a la naturaleza misma de esta tecnología, la cual opera a presiones menores o iguales a la atmosférica. La temperatura desencadenada por efecto del plasma también está por fuera de los límites termodinámicos. Sin embargo, y como ya se demostró, esta técnica presenta condiciones adecuadas para calcinación.

Figura 75. Diagrama general de temperatura como función de la presión de gas CO_2 en equilibrio mostrando la ubicación termodinámica de las tecnologías empleadas para carbonatación de óxidos y mineral de hierro.

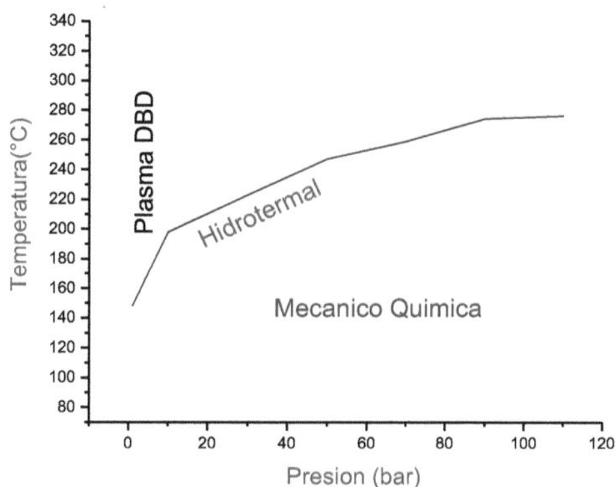

Fuente. El autor

Mediante la tecnología hidrotermal es posible asegurar condiciones termodinámicas adecuadas para carbonatar, debido a que la presión y la temperatura se pueden ajustar a los límites deseables, con el fin de conservar un balance entre la termodinámica y la cinética, permitiendo establecer velocidades aceptables de reacción, termodinámicamente ideales para carbonatación dónde la formación de siderita sea máxima, sin que reacciones inversas tengan lugar.

De las técnicas estudiadas, la más conveniente y eficiente para carbonatar, es la que se descubrió mediante el presente trabajo de investigación, la interacción mecánico química. Teniendo una adecuada favorabilidad debido a altas condiciones exotérmicas, y sobre todo un especial régimen dinámico para el material, es posible conseguir carbonatación, incluso sin necesidad de incluir agua como agente acelerante en la reacción. Acorde con lo presentado en la figura 75, se puede explorar la carbonatación en una zona dónde la siderita es completamente estable, compensando las limitaciones cinéticas que se suscitan al tener una temperatura baja y constante, con las ventajas que el régimen dinámico provee.

Según lo calculado mediante simulaciones y confirmado mediante la experimentación, el agua juega un importante papel en el proceso de carbonatación; fue imprescindible su uso para lograr la carbonatación por vía hidrotermal en todos los sistemas químicos estudiados. La carbonatación mediante la vía de interacción mecánico química, utilizó agua en los sistemas químicos a los cuales fue adicionado grafito como agente reductor. Solamente cuando el sistema químico tiene alta favorabilidad termodinámica y cinética fue posible carbonatar en ausencia de agua, lo cual fue conseguido usando los sistemas Fe_3O_4-Fe-CO_2 y Fe_2O_3-Fe-CO_2 mediante interacción mecánico- química.

La humedad presente en las mezclas facilita la sorción de CO_2 sea a manera de absorción, adsorción o intercambio químico incrementando la reactividad en el material. En el caso de captura de CO_2 por absorción química el agua incrementa la movilidad de iones alcalinos acelerando la reacción [147] [148149]. La figura 76 muestra de una manera pictórica el fenómeno que ocurre en la carbonatación de los óxidos de hierro.

Figura 76. Influencia del agua en la carbonatación de los óxidos de hierro.

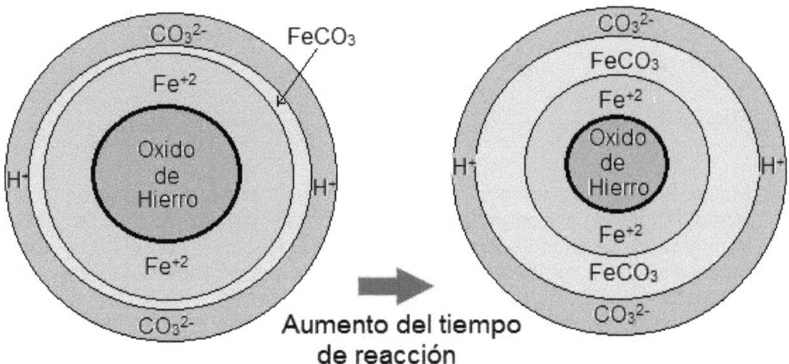

Fuente. El autor

El agua sobre la superficie de la magnetita (la cual es una simple combinación de hematita y wustita) y de la goethita reaccionan con el CO_2 formando iones CO_3^{2-} y H^+. Iones libres Fe^{+2} pueden además reaccionar con los iones CO_3^{2-} para finalmente formar $FeCO_3$. Aunado a esta propiedad en la facilidad de captura, la presencia de agua tiene además la facultad de definir la estabilidad de la siderita,

---

[147] KUMAR. The effect of elevated pressure, temperature and particles morphology on the carbon dioxide capture using zinc oxide. Op.cit. p. 64.

[148] HASSANZADEH. Regenerable MgO-based sorbents for high-temperature CO2 removal from syngas: 1. Sorbent development, evaluation, and reaction modelling. Op.cit. p.1292.

[149] MORA, E et al. Formation and decomposition of siderite for CO_2 treatment. En: Journal of Physics: Conference Series, 2017. 935 012044 p 2.

lo cual confirma el efecto dual que posee. Adicionalmente, la no presencia de hidróxidos u otras sustancias generadas durante la carbonatación, evidencia una adecuada eficiencia en la reacción.

En la figura 76 es posible identificar que con el paso del tiempo y por consiguiente con el incremento del espesor de la capa de siderita, se inhibe el contacto entre los iones CO_3^{2-} y Fe^{+2} disminuyendo la posibilidad de generación de nueva siderita, debido a esta saturación. Esta situación es propia de la carbonatación hidrotermal, en la que la prevalecen condiciones estáticas una vez se alcanza el equilibrio.

La carbonatación mediante interacción mecánico química rompe con esa limitación estática, debido a que provee la manera de remover la capa externa de siderita, que normalmente es de material no poroso. El régimen dinámico establecido permite mantener activamente la reacción de carbonatación, debido a que la superficie del material es renovada en todo momento por material poroso, el cual está ahora disponible para ser carbonatado.

La situación ideal del proceso de captura y liberación de CO_2 por parte de óxidos y mineral de hierro durante varios ciclos, parece entonces centrarse en la interacción mecánico química, adicionando niveles de agua que permitan generar inestabilidad en el material carbonatado, a fin de realizar el gasto mínimo de energía en la recuperación de los óxidos para el siguiente ciclo;...en la sección 4.3.3.4... se estudió la calcinación espontánea, la cual permite regenerar los óxidos en condiciones ambientales, es decir sin necesidad de utilizar una fuente externa de energía. La tabla 14 presenta los datos de capacidad de captura de CO_2 del sistema Fe_3O_4-C-CO_2 en diferentes ciclos, siguiendo calcinación espontánea, a condiciones de carbonatación de 30bar, 400rpm y 20h.

Tabla 14. Capacidad de captura de CO_2 de material carbonatado en diferentes ciclos desde el sistema Fe_3O_4-C-CO_2 mediante calcinación espontánea

Número de ciclo	**Tiempo de calcinación (horas)**	**Sustancias extras adicionadas**	**Capacidad de captura de CO_2 (g CO_2/g absorbente)**
2	216	Agua, 15 mol	0,5237
3	212	Agua, 15 mol	0,5446
4	209	Agua, 15 mol	0,5591

Fuente. El autor

Los resultados presentados confirman que el material puede ser carbonatado nuevamente después de cada calcinación en los ciclos estudiados, presentando un alto nivel de captura en cada uno, lo que sugiere que el material puede seguir siendo usado en más ciclos. El tiempo de calcinación tiende a reducirse con los ciclos, lo que se asocia al efecto combinado de mayor tiempo de interacción mecánica- química y agua que se traduce en aumento de área superficial y tamaño de poro, que permite liberar más fácilmente el CO_2 contenido. La explicación del efecto de interacción mecánico química en el material, es explicado posteriormente. Es necesario reportar, que la carbonatación después de la calcinación espontánea, no fue conseguida en ausencia de agua en ningún ciclo.

Un análisis de la cinética química permite identificar y comprender las ventajas de carbonatar en régimen dinámico, mediante interacción mecánico química. La figura 77 muestra el porcentaje en peso ganado de siderita como función del tiempo, para dos muestras de mezcla de mineral de hierro y agua, tratadas a 20 bar de presión de CO_2; la primera muestra fue procesada a 400 rpm y la segunda a 200 rpm. Como ya se sustentó, la carbonatación por interacción mecánico-química depende fuertemente de la velocidad de rotación a las mismas condiciones de presión y temperatura solamente si dicha velocidad está por debajo de la velocidad crítica.

Figura 77. Ganancia de peso porcentual como función del tiempo para mezclas de mineral de hierro y agua sometidas a 200 y 400 rpm.

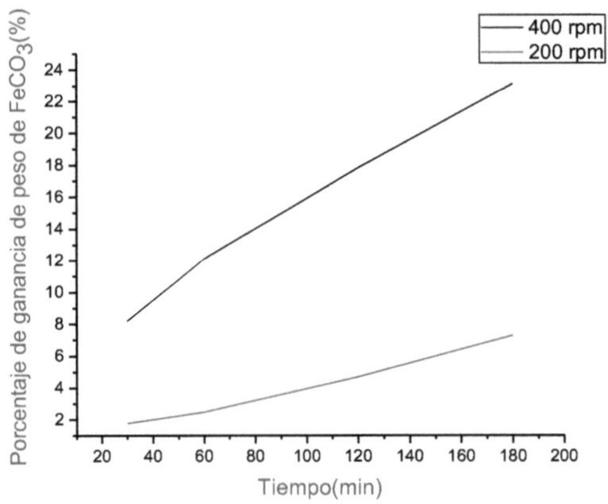

Fuente. El autor

El comportamiento presentado a lo largo del tiempo, permite inferir, que aproximadamente la masa de siderita ganada operando a 400 rpm es en promedio, tres veces la conseguida a 200 rpm. Según lo reportado por Alkaç y

Atalay[150], estudiando los datos de conversión de masa fraccional x (masa en un instante dado dividido en la masa inicial) con respecto al tiempo es posible calcular los valores de una función f(x) para las conversiones dadas. En la literatura se han reportado varios modelos aplicados a reacciones de estado sólido, en los que se caracteriza a f(x)[151 152]. Cuando el comportamiento de los datos ploteados en un diagrama f(x) vs t presenta alta linealidad, indica que el ajuste es adecuado para un modelo dado. Finalmente la pendiente de esa recta, genera un valor de cambio constante k, a una temperatura fija. A partir de la información presentada en la figura 77, en la figura 78 caracteriza el comportamiento de f(x) como función del tiempo, tomando el modelo de Jander de difusión tridimensional; la curva presenta alta linealidad, según se observa en la figura. Este modelo expresa a f(x) como:

$$f(x) = [1 - (1 - x)^{\frac{1}{3}}]^2 \tag{33}$$

Figura 78. Modelo de difusión tridimensional de Jander evaluado para valores de conversión de masa fraccional (x) como función del tiempo a 20bar, 32°C en interacción mecánico química.

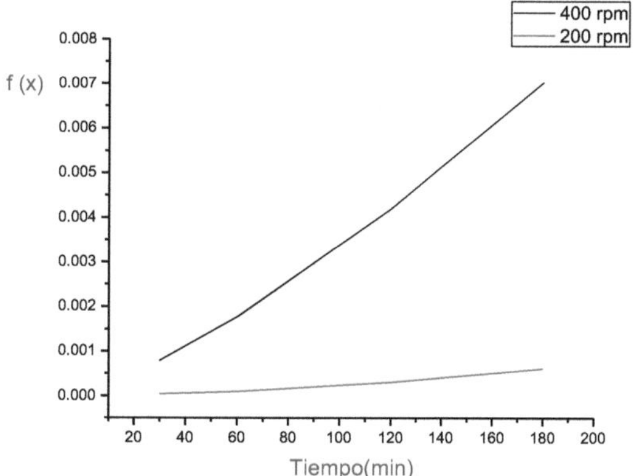

Fuente. El autor

[150] ALKAÇ, D y ATALAY, U. Kinetics of thermal decomposition of Hekimhan–Deveci siderite ore samples. En: International Journal of Mineral Processing, 2008. vol. 87, p. 124
[151] GOTOR, F. Op.cit. p. 489.
[152] ALKAÇ, D. Op.cit. p. 125.

La pendiente representa a k, de acuerdo a lo expresado arriba. Por tanto, si la máquina opera a 400 rpm, la pendiente es 4,14 veces comparada con la k generada a 200 rpm. La constante k es directamente proporcional a la velocidad de reacción. La ecuación de Arrhenius presenta a k como una función de la temperatura, la energía de activación, la constante universal de los gases y el factor de frecuencia, el cual está asociado a las colisiones entre moléculas. Si la temperatura y el factor de frecuencia aumentan, entonces k y por ende la velocidad de reacción aumenta también. De otro lado, valores más pequeños de energía de activación desencadenan más alta velocidad de reacción por incremento del valor de k. Aquí, es posible inferir que a la misma temperatura esas 4,14 veces más del valor de k, están representadas por un lado, en mayor energía que posee en sistema para vencer más eficientemente la energía de activación y por otro lado en más alto factor de frecuencia. Mayor velocidad de rotación permite que las moléculas de CO_2 interactúen con las partículas del material, de una manera más activa en el tiempo, trayendo como consecuencia mayor favorabilidad en la formación de siderita.

Otro importante aspecto que influencia fuertemente el proceso de carbonatación, tiene que ver con las características de porosidad del material. Independientemente del método de carbonatación, las propiedades de la superficie de los óxidos puros y el mineral de hierro tales como volumen del poro, y el área superficial son determinantes en la capacidad de captura del CO_2 [153 154]. En la tabla 15 se presentan los valores de volumen del poro y de área de superficie tomadas del análisis de porosidad, para mezclas procesadas partir de magnetita junto con hierro metálico y mineral de hierro, en tres estados, como se recibió el material, al cabo de dos horas de molido mecánico en atmósfera inerte y después del cuarto ciclo de carbonatación calcinación de las muestras carbonatadas por interacción mecánico química.

Los resultados de los análisis de porosidad arrojados desde el equipo, para la mezcla tratada desde magnetita e hierro metálico, son mostrados en el Anexo D. Los datos presentados en la tabla 15, revelan que el área superficial y el volumen del poro aumentan con el tiempo de exposición del material, en los dos sistemas químicos; dichos incrementos se evidencian no solamente desde el tratamiento de molido mecánico sin captura, sino también con el de captura como tal, es decir después de los 4 ciclos de carbonatación-calcinación. Notablemente, para el sistema que emplea magnetita, el área superficial del material usado después del cuarto ciclo, es más de 15 veces el área superficial del material como se recibió y de igual manera, más de 13 veces en el sistema que utilizó mineral de hierro. El volumen del poro es también consecuentemente incrementado con el tiempo de exposición a la interacción mecánico-química, en los dos sistemas.

[153] CONDON. Op. cit. p 163.
[154] HAZZANZADEH, A. Op. Cit. P 1293.

Tabla 15. Cálculos del volumen del poro y área superficial para mezclas magnetita o mineral de hierro junto con hierro metálico en tres estados, como se recibió, después de dos horas de molido mecánico y después del cuarto ciclo de carbonatación calcinación mediante interacción mecánico química.

Mezcla	Estado	Area superficial (m^2/g)	Volumen del poro (cm^3/g)
Fe_3O_4+Fe	Como se recibió	4,6566	0,012891
	Dos horas de molido	16,3575	0,045334
	Después de cuatro ciclos	73,4525	0,119894
Mineral de hierro	Como se recibió	3,7645	0,00965
	Dos horas de molido	8,9897	0,02938
	Después de cuatro ciclos	51,0982	0,0876

Fuente. El autor

Lo anterior sugiere que durante el proceso de interacción mecánico química, en el material se generan más sitios activos con cada carbonatación, lo cual es corroborado con la curva isoterma adsorción- desorción en nitrógeno N_2 que se presenta en la figura 79, que fue realizada a la muestra proveniente de magnetita después de la calcinación en el cuarto ciclo. De acuerdo con la IUPAC (International Union of Pure and Applied Chemistry) la forma de la curva absorción- desorción de la figura 79 corresponde al Tipo IV[155]. Los materiales mesoporosos empleados mayormente en captura de CO_2 siguen esta curva isoterma típica, la cual presenta histéresis indicando la presencia de poros en forma de hendidura.

Adicionalmente, imágenes de microscopía electrónica de barrido (MEB) revelan la apariencia morfológica del material tratado desde magnetita e hierro metálico, en los tres estados presentados en la tabla 15. En la figura 80 se puede apreciar que en el material no tratado, figura 80(a) es posible identificar independientemente las partículas de hierro y magnetita, siendo estas últimas más grandes y de forma esférica, de tal manera que el material en su conjunto no es homogéneo; el tamaño de la partícula de la magnetita Fe_3O_4 y del hierro metálico Fe, es de aproximadamente 300nm, y 2.5 µm respectivamente

[155] MORA, E et al. Formation and decomposition of siderite for CO_2 treatment. Op. cit. p 3.

Figura 79. Curva isoterma adsorción-desorción en nitrógeno N_2 del material carbonatado mediante interacción mecánico-química a partir del sistema Fe_3O_4+Fe y calcinado después del cuarto ciclo.

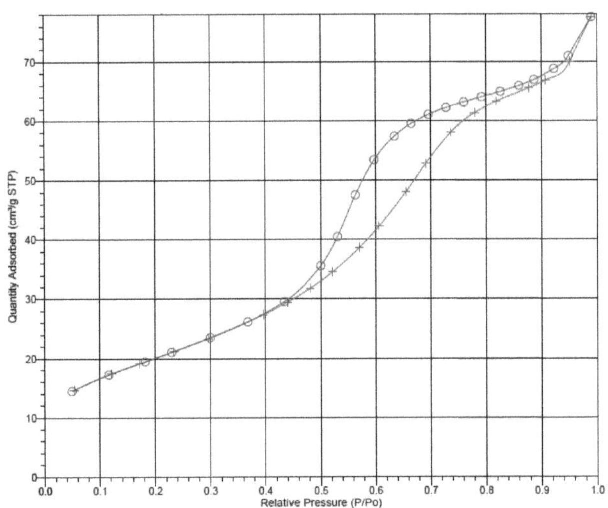

Fuente. El autor

Figura 80. Imágenes de microscopía electrónica de barrido MEB del material Fe_3O_4 y Fe (a) como fue recibido, (b) al cabo de 2 horas molido y (c) después del cuarto ciclo carbonatación-calcinación con aumentos de 5000X, 5000X y 3000X respectivamente.

Fuente. El autor

El material tratado durante dos horas, presenta características de aglomeración según se aprecia en la figura 80(b) siendo ahora homogéneo, con más grande área superficial y poros con volumen más grande acorde con los resultados presentados en la tabla 15. El tamaño de partícula ahora es de 380nm. El aumento de tamaño con la presencia de aglomeración, sugiere que la tendencia de soldado en frío predomina sobre la fractura a las condiciones dadas de velocidad de rotación, es decir a 400 rpm[156].

La morfología del material carbonatado y calcinado presenta más discrepancia, mostrando partículas más grandes y menos uniformes también, generando tamaños que van desde los 0,1 µm hasta los 30 µm, según lo ilustrado en la figura 80(c), lo cual indica que durante los ciclos carbonatación- calcinación también predomina el soldado en frío. La formación de partículas más grandes con el aumento del tiempo de reacción en interacción mecánico química se asocia a tres factores. En primer lugar, la tensión de la red cae con el refinamiento, por lo tanto la tasa de soldadura en frío es mayor que la tasa de fracturamiento; en segundo lugar, la fuerza de aglomeración alta debido a la energía cinética de los golpes, y en tercer lugar la naturaleza dúctil de los componentes a base de hierro[157].

De la misma manera, fueron realizados los análisis de porosidad para muestras carbonatadas por acción hidrotermal. En la tabla 16 ahora se reportan los valores de volumen del poro y de área de superficie para mezclas a partir de hematita o mineral de hierro, junto con hierro metálico en los tres estados analizados.

Es claro que existen marcadas diferencias entre los resultados generados desde los dos métodos empleados para carbonatación, tomando como base el comportamiento de la porosidad. En el método hidrotermal, existe una pérdida sistemática de área superficial con cada ciclo, lo que limita de manera definitiva, la captura de CO_2 para el siguiente ciclo, a diferencia de lo que ocurre en interacción mecánico química, en la cual no solamente el área superficial sino el volumen del poro aumentan con los ciclos. La marcada decadencia de la porosidad es confirmada mediante la curva isoterma adsorción-desorción en nitrógeno N_2 de la figura 81, para la muestra procesada desde mineral de hierro y hierro metálico, después de tres ciclos, dónde se evidencia la ahora casi nula histéresis a consecuencia de la no porosidad.

---

[156] GHEISARI, K *et al.* The effect of milling speed on the structural properties of mechanically alloyed Fe–45%Ni powders. En: Journal of Alloys and Compounds, 2009 vol. 472, p. 418.
[157] Ibid., p. 419

Tabla 16. Cálculos del volumen del poro y área superficial para mezclas hematita y mineral de hierro junto con hierro metálico en tres estados, como se recibió, después de dos horas de molido mecánico y después del tercer ciclo de carbonatación calcinación mediante interacción hidrotermal.

Mezcla	Estado	Area superficial (m^2/g)	Volumen del poro (cm^3/g)
Fe_2O_3+Fe	Como se recibió	4,1109	0,011679
	Dos horas de molido	14,3905	0,041331
	Después de tres ciclos	0,4327	0,008894
Mineral de hierro+Fe	Como se recibió	3,8796	0,010892
	Dos horas de molido	13,3444	0,025397
	Después de tres ciclos	0,1783	0,006894

Fuente. El autor

Figura 81. Curva isoterma adsorción-desorción en nitrógeno N_2 del material carbonatado mediante interacción hidrotermal, a partir de mineral de hierro más hierro metálico, y calcinado después del tercer ciclo.

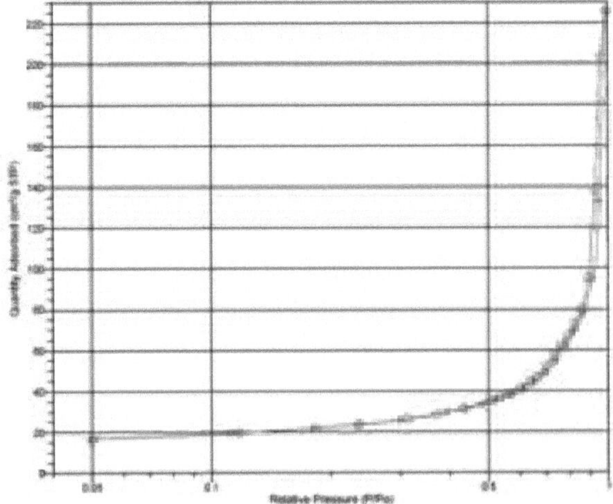

Fuente. El autor

La imagen morfológica de la figura 82, presenta las partículas del material procesado después del tercer ciclo de carbonatación-calcinación partiendo del sistema Fe_2O_3+Fe, el cual fue carbonatado mediante vía hidrotermal. La ausencia de aglomeración evidencia que el material mantuvo un régimen estático. Consecuentemente, la homogeneidad presentada se debe a que el material no fue sometido a cargas mecánicas que generan tensión en la red cristalina, desencadenando soldado en frío, consecuencia que sí fue evidente en interacción mecánico-química.

Es de resaltar nuevamente como una favorable consecuencia adicional, que cuando se somete el material a la interacción mecánico química, la liberación de CO_2 comienza a temperaturas más bajas comparada con la identificada en hidrotermal; esta aseveración fue posible corroborarla mediante los análisis de termo gravimetría. Consecuentemente con los resultados presentados en esta investigación, algunos autores como Criado[158] *et al* y de Bradley, Burst y Graf[159] han reportado que los materiales como la siderita los cuales han sido tratados en proceso de molido mecánico, inician procesos de descomposición a más bajas temperaturas, asociado esto a la redistribución de los iones Fe^{+2} durante el tiempo de molido.

Figura 82. Imagen de microscopía electrónica de barrido MEB del material Fe_2O_3 y Fe después del tercer ciclo carbonatación-calcinación procesado por vía hidrotermal, con aumento 3000X.

Fuente. El autor

[158] CRIADO, J.Influence of grinding on both the stability and thermal decomposition mechanical of siderite. En Thermochimica,1988 vol. 135, p. 221.
[159] BRADLEY,W; BURST J Y GRAF, D. Crystal chemistry and differential thermal effect of dolomite. En: American, Min, 1953. vol. 38, p. 209.

Un aspecto que toma gran relevancia dentro de la comparación entre los métodos de carbonatación es el gasto energético. Burgio[160], *et al* reportó que la energía total transferida por unidad de masa en un proceso de interacción mecánico química en un sistema planetario, puede ser calculado como sigue:

$$Et_{mq} = -\phi_b N_b m_b t(W_p - W_v)[\frac{W_v{}^3\left(R_v - \frac{d_b}{2}\right)}{W_p + W_p\, W_v R_p}]\,(R_v - d_b/2)/2\pi PW \quad (34)$$

Dónde:

$Et_{mq} = Energía\ total\ demanada\ en\ interacción\ mecánico\ química$
$\phi_b = factor\ de\ llenado$
$N_b = número\ de\ bolas$
$m_b = masa\ de\ la\ bola$
$t = tiempo\ de\ reacción$
$W_p = velocidad\ de\ rotación\ del\ plato$
$W_v = velocidad\ de\ rotación\ del\ reactor$
$R_p = radio\ del\ plato$
$R_v = radio\ del\ reactor$
$d_b = diámetro\ de\ la\ bola$
$PW = peso\ de\ la\ muestra$

En la ecuación (34) el factor de llenado es un parámetro de varía entre 0 y 1 y se escoge a partir de la proporción de volumen que ocupan las bolas dentro del reactor y el volumen total del reactor, siendo 0 cuando las bolas ocupan totalmente el volumen del reactor, es decir cuando no hay movimiento. Acá se escogió el valor de 0,7 para el factor de llenado usando 25 bolas de 8 mm de diámetro y 3,52 gramos de peso cada una. La velocidad de rotación del plato se ajusta en 400 rpm o en 200 rpm y de acuerdo a las características de la máquina, la velocidad de rotación del reactor es de –800 rpm o de -400 rpm, respectivamente. El radio del reactor es de 22 mm y el radio del plato es de 70,5 mm. En todos los experimentos realizados en interacción mecánico química, las muestras estudiadas pesaron 3 gramos.

De otro lado, la ecuación (35) permite calcular la energía transferida al sistema por unidad de masa en interacción hidrotermal, como función de los parámetros eléctricos de corriente y tensión, así como del tiempo de reacción y de un factor de pérdidas de calor que oscila entre 0,5 y 0,9 dependiendo el nivel de aislamiento; en este caso se escoge como 0,7 debido al grado de aislamiento térmico que

---

[160] BURGIO, N et al. Mechanical Alloying of the Fe-Zr System. Correlation between Input Energy and End Products. En: IL Nuovo Cimiento, 1991. vol 18, p 463.

presenta en el sistema. Se asume un factor de potencia (cos ϴ) igual a 1, debido a que la impedancia en el circuito eléctrico es netamente resistiva, como consecuencia de que el circuito opera solamente para transferencia de calor a masas, que en este caso fueron ajustadas a 0,5 gramos.

$$Et_{ht} = i\ v\ Cos\ \Theta\ t\ f_p\ /PW \quad (35)$$

Dónde

$Et_{ht} = Energía\ total\ demanada\ en\ interacción\ hidrotermal$
$i = valor\ eficaz\ de\ la\ corriente\ alterna$
$v = valor\ eficaz\ de\ la\ tensión\ alterna$
$Cos\ \Theta = factor\ de\ potencia\ del\ sistema$
$t = tiempo\ de\ reacción$
$f_p = factor\ de\ pérdidas\ por\ calor$
$PW = peso\ de\ la\ muestra$

Las ecuaciones (34) y (35) permiten establecer una comparación entre los dos métodos de carbonatación respecto del gasto energético; la comparación se puede extender a los porcentajes de conversión, y a la cantidad de óxidos o mineral de hierro necesarios para capturar una tonelada de CO_2. Algunos de los resultados de los cálculos más relevantes son presentados en las tablas 17 y 18. En la tabla 17 se presentan las cantidades necesarias de material para capturar una tonelada de CO_2 de acuerdo a cada una de las reacciones de carbonatación, así como la cantidad de siderita formada y la energía demandada en cada caso, por medio de carbonatación por interacción mecánico química. El cálculo de la cantidad de material de captura necesario o de la cantidad de material de siderita formado se realiza mediante la siguiente expresión:

$$T_m = \left[\frac{M_m}{M_{CO2}}\right] Z \quad (36)$$

Dónde:

$T_m = cantidad\ de\ material\ de\ captura\ usado\ o\ cantidad\ de\ material\ carbonatado$
$M_m = peso\ molecular\ total\ del\ material\ de\ captura\ o\ carbonatado\ en\ la\ reacción$
$M_{CO2} = peso\ molecular\ total\ del\ dióxido\ de\ carbono\ en\ la\ reacción$
$Z = cantidad\ de\ dióxido\ de\ carbono\ capturado$

Tabla 17. Porcentaje de conversión, cantidad de material carbonatado, cantidad de material usado y gasto energético en diferentes reacciones químicas sometidas a interacción mecánico química en diferentes condiciones, con el fin de capturar 1 tonelada de CO_2

Reacción	Porcentaje de conversión (%)	Cantidad de $FeCO_3$ generada (ton)	Cantidad de material usado (ton)		Gasto de energía (W-h/g)
$Fe_3O_4 + Fe + 4CO_2 \rightarrow 4FeCO_3$ 30bar, 400rpm,36h	99,76	2,57	Fe_3O_4	1,32	40,25
			Fe	0,32	
$Fe_2O_3 + Fe + 3CO_2 \rightarrow 3FeCO_3$ 30bar, 400rpm,3h	51,49	1,35	Fe_2O_3	2,21	3,35
			Fe	0,42	
$Fe_3O_4 + Fe + 4CO_2 \rightarrow 4FeCO_3$ 30bar, 400rpm,3h	48,26	1,28	Fe_3O_4	1,32	3,35
			Fe	0,32	
$2Fe_3O_4 + C + 5CO_2 \rightarrow 6FeCO_3$ 30bar, 400rpm,36h	86,14	2,72	Fe_3O_4	2,11	40,25
			C	0,05	
$Fe_2O_3 + 2CO_2 \rightarrow 2FeCO_3 + \frac{1}{2}O_2$ y $2FeOOH + 2CO_2 \rightarrow 2FeCO_3 + O_2 + H_2$ 30bar, 400rpm,36h	92,49	2,43	Fe_2O_3	1,16	40,25
			$FeOOH$	0,75	
$Fe_2O_3 + 2CO_2 \rightarrow 2FeCO_3 + \frac{1}{2}O_2$ y $2FeOOH + 2CO_2 \rightarrow 2FeCO_3 + O_2 + H_2$ 30bar, 400rpm,3h	43,76	1,15	Fe_2O_3	1,16	3,35
			$FeOOH$	0,75	

Fuente. El autor

En la tabla 18 se presentan los cálculos correspondientes de los parámetros ya conocidos en la tabla 17, ahora para el material carbonatado por acción hidrotermal.

En primer lugar, es necesario reiterar que no fue posible conseguir porcentajes de conversión más altos en carbonatación hidrotermal debido a que la reacción inversa se lleva a cabo a mayores temperaturas y tiempos de reacción, como consecuencia de la saturación generada por sus limitaciones cinéticas. De otro lado, al emplear carbonatación por interacción mecánico química es posible conseguir porcentajes de conversión cercanos al 100%, lo cual evidencia una notable ventaja.

Tabla 18. Porcentaje de conversión, cantidad de material carbonatado, cantidad de material usado y gasto energético en diferentes reacciones químicas sometidas a interacción hidrotermal en diferentes condiciones, con el fin de capturar 1 tonelada de CO_2

Reacción	Porcentaje de conversión (%)	Cantidad de $FeCO_3$ generada (ton)	Cantidad de material usado (ton)		Gasto de energía (W-h/g)
$Fe_3O_4 + Fe + 4CO_2 \rightarrow 4FeCO_3$ 50bar, 150°C,4h	59,23	1,56	Fe_3O_4	1,32	48,36
			Fe	0,32	
$Fe_2O_3 + Fe + 3CO_2 \rightarrow 3FeCO_3$ 50bar, 150°C,4h	61,18	1,61	Fe_2O_3	2,21	48,36
			Fe	0,42	
$Fe_3O_4 + Fe + 4CO_2 \rightarrow 4FeCO_3$ 30bar, 100°C,4h	48,91	1,29	Fe_3O_4	1,32	35,42
			Fe	0,32	
$Fe_2O_3 + Fe + 3CO_2 \rightarrow 3FeCO_3$ y $2FeOOH + Fe + 3CO_2 \rightarrow 3FeCO_3 + H_2O$ 50bar, 150°C,4h	49,89	1,31	Fe_2O_3	0,77	48,36
			$FeOOH$	0,49	
			Fe	0,42	
$Fe_2O_3 + Fe + 3CO_2 \rightarrow 3FeCO_3$ y $2FeOOH + Fe + 3CO_2 \rightarrow 3FeCO_3 + H_2O$ 30bar, 100°C,4h	43,15	1,13	Fe_2O_3	0,77	35,42
			$FeOOH$	0.49	
			Fe	0,42	

Fuente. El autor

Respecto del gasto energético que se demanda por los dos métodos de carbonatación, se puede inferir que para el mismo porcentaje de conversión, operando los dos sistemas a la misma presión, se presenta un gasto mayor en carbonatación hidrotermal. Por ejemplo, para sistemas procesados desde magnetita e hierro metálico, operando a 30 bar que generaron porcentajes de conversión de alrededor de 48%, el gasto energético fue de alrededor 10 veces más mediante interacción hidrotermal. Situación similar se evidenció en las muestras de mineral de hierro; hubo un gasto energético mayor en interacción hidrotermal, para conversiones iguales, las cuales se acercaron al 43%. Incluso en este caso, es necesario indicar que la carbonatación hidrotermal necesitó 0,42 toneladas de Fe lo que en la práctica incrementaría aún más los costos, debido a que es necesario fabricar este material, lo que no ocurre con la hematita o goethita las cuales hacen parte del mineral de hierro.

Adicionalmente, y como ya se evidenció, si se realizan ciclos posteriores de carbonatación-calcinación, el material tratado mediante interacción mecánico química presentará un incremento en el área superficial disponible para carbonatar, mientras que en el material tratado en hidrotermal, la porosidad cae dramáticamente con los ciclos, limitando y anulando en cierto momento la capacidad de captura en el ciclo posterior. Esta importante ventaja hace de la interacción mecánico química un campo interesante, aunado a su nula exploración como tecnología para carbonatar óxidos metálicos.

Con los resultados presentados en las tablas anteriores es posible realizar una proyección acerca de la posible implementación en un proceso real. En la literatura se ha reportado que de acuerdo con la mejor eficiencia, los procesos de fabricación de acero generan 1,8 toneladas de CO_2 por cada tonelada de acero fabricado[161]. Tomando el caso puntual de la industria siderúrgica Acerías Paz del Río, el alto horno emite 81,8 toneladas de CO_2 por día[162]. De acuerdo con esto, y a partir de magnetita e hierro metálico como materiales de captura, se necesitarán 107,82 toneladas de magnetita y 26,02 toneladas de hierro metálico para capturar todo el CO_2 emitido durante un día, utilizando un reactor que permita interacción mecánico química a 30bar de presión de CO_2 operando a 400 rpm durante 36 horas.

En el caso de carbonatación hidrotermal la situación es distinta. A partir del mismo sistema inicial, es decir magnetita y hierro metálico con las mismas cantidades, se puede capturar un máximo aproximado de 48,26 toneladas de CO_2 equivalentes a cerca del 60% de las emisiones totales durante el día, aunado a la condición de que el material solo podrá ser usado dos o tres ciclos, con capturas menores en cada uno de ellos.

La proyección de un sistema para captura usando mineral de hierro resulta ser más relevante dada la aproximación a condiciones reales. Acá, a partir de carbonatación por interacción mecánico química son necesarias 156,23 toneladas de mineral de hierro para capturar el 92,49% de las emisiones generadas en un día operando a 30bar durante 36 horas, mientras que mediante hidrotermal son necesarias 103,06 toneladas de mineral de hierro y 34,5 toneladas de hierro metálico para capturar solamente un máximo de 43,15% de las emisiones del día, durante 4 horas. Para estas condiciones, independientemente de que el gasto energético total sea más alto para generar la conversión cercana a la máxima en interacción mecánico química, las bondades que presenta ésta en lo referente al porcentaje de conversión, pero por sobre todo en reciclabilidad, la presentan como la tecnología más idónea para posibles aplicaciones reales, dentro de las estudiadas en el presente trabajo de investigación.

---

[161] KURAMOCHI, T, *et al.* Comparative assessment of CO2 capture technologies for carbon-intensive industrial processes. En: Progress in Energy and Combustion Science, 2012. vol 38, p. 90.

[162] CADAVID, G. Análisis de Ciclo de Vida (ACV) del proceso siderúrgico. Universidad Nacional de Colombia, 2014.Tesis de Maestría, p. 99.

Un análisis de la proyección del material utilizado y del recuperado es inferido para el proceso de regeneración de óxidos carbonatados. En el caso de la conversión del 99,76%, las 2,57 toneladas de siderita pueden entonces ser transformadas de acuerdo a la reacciones de calcinación. Si la atmósfera presente es aire, según la reacción (6) y en concordancia con lo presentado en la tabla 17, la siderita se transformará en 1,71 toneladas de magnetita Fe_3O_4 y en 0,97 toneladas de CO_2 puro; este último puede ahora ser almacenado y utilizado en aplicaciones industriales o geológicas y la magnetita se empleará en el siguiente ciclo.

En atmósfera inerte la misma cantidad de siderita puede ser calcinada para regenerar los óxidos de acuerdo a las reacciones (10) y (11). Se puede utilizar en este caso, atmósfera en vacío, o la descarga de barrera de dieléctrico DBD en atmósfera de argón, los cuales realizan una demanda energética similar, de acuerdo con lo dispuesto en la ecuación (35). En este caso, si la reacción (10) es la que se lleva a cabo, las 2,57 toneladas de siderita se transformarán en 1,71 toneladas de magnetita, 0,043 toneladas de grafito y 0,81 toneladas de CO_2, mientras que si la reacción (11) es la que predomina se tendrían al final de la calcinación 1,27 toneladas de magnetita, 0,31 toneladas de hierro metálico y 0,97 toneladas de CO_2. El grafito y el hierro metálico acá generados serán utilizados en el próximo ciclo actuando como agentes reductores, facilitando la carbonatación.

5. CONCLUSIONES

Este trabajo de investigación estudió la factibilidad de uso de óxidos puros de hierro y mineral de hierro, como materias primas en la captura de gas CO_2, el principal gas contaminante y causante del calentamiento global, con el fin de proyectar la utilización de estos principalmente en aplicaciones industriales como la fabricación de acero, dónde se emiten grandes cantidades de CO_2, pero a su vez dónde se tiene a disposición grandes cantidades de mineral de hierro, el cual puede ser empleado en la captura, y después de ello enviarse al alto horno dónde servirá de materia prima en la obtención del acero. La factibilidad de uso se define teniendo en cuenta integralmente adecuados resultados en la carbonatación, la calcinación y la reciclabilidad o uso del material en varios ciclos carbonatación-calcinación.

Como información de soporte, se realizaron simulaciones mediante el software FactSage 6.1 con el fin de identificar las condiciones termodinámicas idóneas para conseguir tanto la carbonatación, como la calcinación en los diferentes sistemas químicos bajo estudio, tomado en cuenta valores de presión y temperatura cercanos a los que se pueden ajustar en los procesos industriales reales. Se tomó como agentes reductores al carbón en forma de grafito y al hierro metálico, materiales que están a disposición en la industria del acero.

Previo al estudio experimental ejecutado, se realizaron ensayos preliminares con doble propósito; el primero, corroborar los resultados generados desde las simulaciones y el segundo, identificar las mejores condiciones para obtener una adecuada cinética de las reacciones de carbonatación y calcinación, desde los diferentes sistemas tecnológicos utilizados.

Las reacciones de carbonatación fueron estudiadas mediante tres métodos, el hidrotermal, el de descargas de barrera de dieléctrico DBD y el mecánico químico. Aunque inicialmente se planteó estudiar la carbonatación por los dos primeros métodos propuestos, los resultados obtenidos desde la vía hidrotermal, sugirieron que un régimen dinámico es más idóneo para carbonatar, lo cual permitió descubrir un método novedoso y eficiente, el mecánico químico. Se diseñaron e implementaron los sistemas tecnológicos para estudiar la carbonatación mediante descargas de barrera de dieléctrico DBD y mediante interacción mecánico química.

Las condiciones termodinámicas propias de la tecnología de descargas de barrera de dieléctrico, limitan de una manera definitiva, las reacciones de carbonatación. Se encontró experimentalmente que a temperaturas superiores a 200°C, el material carbonatado es evidentemente inestable, temperatura que desciende aún más si se adiciona agua, sustancia que mejora notoriamente la cinética de las reacciones de carbonatación. Las temperaturas generadas por acción del plasma estable estuvieron en el rango de los 250 y los 320°C, temperaturas dónde la inestabilidad del hierro carbonatado prevalece, lo que permite presentar a la tecnología DBD como una posible vía de calcinación. Las bajas presiones de operación, propias de los sistemas de plasma DBD, son idóneas para calcinar, según lo evidenciado desde las simulaciones y desde los experimentos preliminares, no así para carbonatar, dónde actúan como una importante limitación termodinámica y cinética para conseguirla.

A partir de la formación de siderita $FeCO_3$, caracterizada por análisis de difracción de rayos X, y cuantificada mediante refinamiento Rietveld, fue estudiado el comportamiento de la capacidad de captura de CO_2 de óxidos de hierro de alta pureza y de mineral de hierro (previo análisis de su composición química), como función de la temperatura, la presión y el tiempo de reacción, mediante las vías hidrotermal y de interacción mecánico química. En los sistemas químicos estudiados, la capacidad de captura se incrementó a mayores presiones, a mayores temperaturas sin superar la de equilibrio, y a mayores tiempos de reacción.

Valores más altos en la capacidad de captura de CO_2 por parte tanto de los óxidos como el mineral de hierro, fueron conseguidos mediante interacción mecánico química, en dónde fue posible alcanzar porcentajes de conversión, cercanos al 100%, utilizando hierro metálico como agente reductor, el cual permite obtener una mejor cinética comparada con que se obtiene usando grafito, debido a su menor energía de activación. Las reacciones inversas se hicieron presentes bajo algunas condiciones termodinámicas en la carbonatación hidrotermal, lo que limitó alcanzar los mejores valores de conversión.

Es fundamental el papel que juega el agua en la carbonatación, principalmente mediante vía hidrotermal. Los iones positivos de hierro reaccionan fácilmente con los iones negativos de trióxido de carbono generados desde el agua y el dióxido de carbono, para formar finalmente hierro carbonatado, en un ambiente cinéticamente favorable. Aunado a esta facultad, la presencia de agua define la estabilidad de la siderita, lo cual confirma el efecto dual que posee. Adicionalmente, la no presencia de hidróxidos u otras sustancias generadas durante la carbonatación, evidencia una adecuada eficiencia en las reacciones de carbonatación.

Diferentes reacciones de calcinación del material carbonatado fueron estudiadas; estas reacciones fueron en primer lugar, simuladas mediante el software FactSage, dónde se identificaron temperaturas de descomposición que se aproximaron a los 300 ° C, en atmósferas inertes operando a presiones menores o iguales a la atmosférica. Experimentalmente, las reacciones de descomposición fueron estudiadas mediante dos análisis, el termogravimétrico TG y el de calorimetría diferencial de barrido DSC, en atmósferas de aire y de gas Argón, a partir de varias muestras carbonatadas bajo diferentes condiciones.

Las temperaturas de máxima razón de descomposición de la siderita se establecieron en un rango de entre 340°C y 419°C, dependiendo estas principalmente de la atmósfera de calcinación, la vía de carbonatación, y las impurezas, estas últimas presentes en el mineral de hierro. La temperatura de descomposición aumenta si la pureza de la muestra disminuye. Se interpretaron los mecanismo de reacción, demostrando que la siderita se descompone formando inicialmente wustita la cual rápidamente se transforma en hierro y magnetita, si la atmósfera es inerte; el grafito también presente en la reacción de termólisis, es generado desde monóxido de carbono, mediante precipitación, en atmósfera inerte. Bajo atmósfera oxidante, la wustita inicialmente formada, rápidamente se oxida formando hematita o magnetita.

Se realizaron análisis de difracción de rayos X y de espectroscopía Raman a muestras calcinadas mediante vacío, atmósfera inerte a presión atmosférica y descargas de barrera de dieléctrico DBD, con el fin de identificar los productos de descomposición. Independientemente de la vía de carbonatación y del sistema químico inicial, la siderita fue descompuesta a temperaturas de alrededor de 300°C en ambiente de vacío, formando magnetita, hierro y carbón en forma de grafito. Los mismos productos fueron encontrados en la descomposición de la siderita en atmósfera inerte a presión atmosférica, pero a temperaturas cercanas a 400°C. Mediante plasma DBD, la siderita se descompuso en magnetita en atmósfera de aire, y en magnetita junto con carbón en forma de grafito en atmósfera de argón; la temperatura producto del plasma fue de 320° y 265°C respectivamente, operando a tensiones mayores de 4 kV, frecuencias cercanas a 20 kHZ, y potencias eléctricas activas suministradas de 28 W y 22 W, respectivamente.

Soportando a través de simulaciones en FactSage y partiendo de la base de que el agua define la estabilidad del hierro carbonatado, se consiguió descomponer la siderita en condiciones termodinámicas del medio ambiente, adicionando la suficiente cantidad de agua para no tener que utilizar fuentes energéticas externas. Para conseguirlo fue necesario carbonatar mediante interacción mecánico química, garantizando la presencia de la mayor humedad posible dentro de la muestra.

Diferentes ciclos carbonatación-calcinación fueron logrados en los sistemas químicos estudiados, bajo ciertas condiciones. Mediante interacción mecánico química, se estudió la reciclabilidad en cuatro ciclos; adicionando una pequeña cantidad de grafito solamente en el segundo ciclo, a la mezcla inicial de magnetita e hierro metálico, se logró recarbonatar; las muestras a base de mineral de hierro fue posible carbonatarlas cuatro veces adicionando una adecuada cantidad de agua. La interacción mecánico química revela que el material puede ser carbonatado nuevamente después de cada calcinación, presentando un alto nivel de captura en cada uno, lo que sugiere que el material puede seguir siendo usado en más ciclos. Lo anterior se asocia al mejoramiento de las propiedades porosas del material con cada ciclo, traduciéndose en aumento del área superficial y del volumen del poro.

El estudio de reciclabilidad mediante vía hidrotermal evidenció que solamente adicionando agua y una importante cantidad de hierro metálico en cada ciclo, fue posible recarbonatar, disminuyendo la capacidad de captura de CO_2 del material con cada ciclo, como consecuencia de la pérdida de área superficial del poro, lo que limitó su estudio solo hasta el tercer ciclo.

Fue evidenciada la factibilidad en la reciclabilidad del sistema químico carbonatado mediante interacción mecánico química al que se adicionaron altas cantidades de agua para calcinación espontánea; el tiempo de calcinación tiende a reducirse con los ciclos, lo que se asocia al efecto combinado de mayor tiempo de interacción mecánica- química y agua, que se traduce en aumento de área superficial y tamaño de poro, que permite liberar más fácilmente el CO_2 contenido. Las calcinaciones no espontáneas se lograron mediante vacío o mediante descargas de barrera de dieléctrico DBD.

Se estableció una comparación desde la ubicación termodinámica, los porcentajes de transformación, el uso de agente reductor, el comportamiento de material y el consumo energético, entre las tecnologías empleadas durante el proceso de captura.

Aunque termodinámicamente, se pueden ajustar la presión y la temperatura a condiciones adecuadas de carbonatación mediante vía hidrotermal, el régimen dinámico presente en la interacción mecánico química, proporciona características idóneas no sólo termodinámicas, sino cinéticas, que rompen con las limitaciones estáticas propias de la vía hidrotermal.

Mediante un análisis basado en la ley de Arrhenius, fue posible evidenciar las ventajas de carbonatar mediante régimen dinámico en interacción mecánico química, desde el punto de vista de la cinética. Mayor velocidad de rotación permite que las moléculas de CO_2 interactúen con las partículas del material, de una manera más activa en el tiempo, trayendo como consecuencia mayor favorabilidad en la formación de siderita.

La apariencia morfológica del material cambia drásticamente dependiendo del tratamiento a que ha sido sometido. Es posible diferenciar las partículas de los materiales a mezclar, antes de ser procesado. El material sometido a molido mecánico en atmósfera inerte antes de ser carbonatado, presenta aglomeración con tamaños de partículas mayores. El material procesado en interacción mecánico química presenta un tamaño de partícula que presenta alta discrepancia generando partículas que pueden llegar a medir hasta 100 veces el tamaño de partícula del material sin tratar, asociado esto a que predomina el soldado en frío sobre la fractura, mientras que el material tratado vía hidrotermal muestra alta homogenización como consecuencia del régimen estático.

Se genera un mayor gasto energético carbonatando por interacción hidrotermal comparado con carbonatación mecánico química para conversiones iguales; adicionalmente, se necesita mayor cantidad de agente reductor en hidrotermal lo que en un proceso real incrementa aún más los costos. En cuanto a la reciclabilidad, el material tratado mediante interacción mecánico química presentará un incremento en el área superficial disponible para carbonatar, mientras que en el material tratado en hidrotermal, la porosidad cae dramáticamente con los ciclos.

El análisis de proyección de las cantidades que se podrían emplear en un proceso real, abre importantes expectativas acerca del uso principalmente de mineral de hierro como material base de captura de CO_2 enfocado a la carbonatación vía interacción mecánico química, dónde se encontraron los resultados más relevantes. Dado que el material inicial de captura puede ser utilizado en un número indefinido de ciclos de carbonatación - calcinación vía mecánico química, la aplicación de esta tecnología en procesos industriales diferentes a la fabricación de acero tendría lugar, debido a que el sorbente se utilizará exclusivamente para capturar CO_2, sin tener que usarlo en otro proceso posterior cuando sus sitos activos desaparezcan, situación que sí se presentará carbonatando mediante el método hidrotermal.

RECOMENDACIONES

Realizar experimentos que evidencien el comportamiento de los óxidos puros y el mineral de hierro en la captura de CO_2, utilizando efluentes de gases mezclados similares a los que se emiten en algunos procesos industriales incluyendo SO_2, NO_x, CH_4, etc.

Estudiar los cambios presentados en la capacidad de captura de CO_2 mediante interacción mecánico química, aumentando la temperatura dentro del reactor mediante una fuente externa de calor.

Cambiar la estequiometria en las reacciones de carbonatación con el fin de mejorar la capacidad de captura, utilizando diferentes proporciones entre material base y agente reductor.

Explorar la carbonatación bajo otros límites termodinámicos, principalmente a presiones más altas.

Encontrar condiciones apropiadas para la formación de mayor agente reductor durante el proceso de descomposición de la siderita, con el fin de mejorar las condiciones de captura en el siguiente ciclo carbonatación- calcinación.

Utilizar diferentes cantidades de gas SO_2 como agente reductor en las reacciones de carbonatación, dado que este es frecuentemente encontrado dentro de los efluentes de gas en procesos industriales.

Generar nuevos dispositivos rotatorios, que operen mediante diferentes mecanismos mecánicos, permitiendo aumentar la cantidad de energía cinética entregada al sistema químico mediante el método de interacción mecánico química.

Utilizar otras muestras de mineral de hierro, con diferentes niveles de pureza, con el fin de identificar las mejores condiciones de carbonatación en función de la naturaleza y de las cantidades de impurezas contenidas.

Buscar métodos de regeneración de los óxidos de hierro que demanden mejor gasto de energía.

Estudiar la captura de CO_2 por parte de los óxidos puros y el mineral de hierro en un número indefinido de ciclos de carbonatación- calcinación, con el fin de realizar una proyección más cercana a la realidad, de la aplicación de la carbonatación por interacción mecánico química en procesos industriales diferentes al de la fabricación del acero.

BIBLIOGRAFÍA

ADEYEMI, I, ABU-ZAHRAR, M, y ALNASHEF, I. Novel Green Solvents for CO_2 Capture. Energy procedia 114, 2017. 2552-2560.

ALCERRECA-CORTE, I, E FREGOSO, y H PFEIFFER. CO_2 absorption on Na2ZrO3: a kinetic analysis of the chemisorption and diffusion processes. J Phys. Chem 112, 2008. 6520-6525 p.

ALFE, M, P AMMENDOLA, V GARGIULO, F RAGANATI, y R CHIRONE. Magnetite loaded carbon fine particles as low-cost CO_2 adsorbent in a sound assisted fluidized bed. Proceedings of the Combustion Institute 35, 2015. 2801–2809 p.

ALKAÇ, D, y U ATALAY. Kinetics of thermal decomposition of Hekimhan–Deveci siderite ore samples. International Journal of Mineral Processing 87, 2008. 120-128 p.

BALE, CW, P CHARTRAND, S.A DEGTEROV, y G ERIKSSON. FactSage Thermochemical Software and Databases. Calphad 26, nº 2, 2002. 189-228 p.

BAO, L, y M.C. Trachtenberg. Facilitated transport of CO_2 across a liquid membrane:comparing enzyme, amine, and alkaline. Journal of Membrane Science 280, 2006. 330-334 p.

BARKER, R. The reactivity of calcium oxide towards carbon dioxide and its use for energy storage. J. Appl. Chem. Biotech 24, 1974. 221-227 p.

BETANCUR, J, D BARRERO, F GRENECHE, y F GOYA. El efecto del contenido de agua en la magnetita y en las propiedades estructurales de la goethita. J. Alloys and Comp 369, 2004 247-251 p.

BLACK, S. Chilled ammonia scrubber for CO2 capture. Carbon Sequestration Forum VII. Cambridge, 2006.

BRADLEY, W.F, J.F BURST, y D.L GRAF. Crystal chemistry and differential thermal effect of dolomite. American, Min 38, 1953. 207-211 p.

BRAUN, D. KÜCHLER. G. Física. D 24, 1981. 564-572 p

BROUWER, J, y FERON, P. CO_2 Absorption Using Precipitating Amino Acids In Spray Tower. 9th International CO_2 Capture Network Meeting. Copenhagen, 2006.

BRYANT, E. Climate Process and Change. Cambridge: Cambridge University, 1997.

CADAVID MARÍN, Gabriel H. *Análisis de Ciclo de Vida (ACV) del proceso siderúrgico.* Manizales: Tesis de Maestría, Universidad Nacional de Colombia, 2014.

CAPUS, J.M. Metal Powders—A global survey of production, applications and markets to 2010. Oxford: Elsevier, 2010.

CARRY, M. Phil Mag . 34:470-5, 1894.

CASTAÑO, J, Y C ARROYAVE. La funcionalidad de los óxidos de hierro. *Rev.* metal 3, nº 34, 1998. 274-280 p.

CHAI, L, Y A NAVROTSKY. Enthalpy of formation of siderite and its application in phase equilibrium calculation. American Mineralogist 79, 1994. 921-929 p.

CHENGWU, Y, Y Y CHUNDU. Study on the Removal of SO_2 from simulated Flue Gas Using Dry Calcium-Spray with DBD Plasma.

CHIESA, P, Y S.P CONSONNI. Shift reactors and physical absorption. J. Eng. Gas Turbines Power 121,1999. 295-305 p.

CHONG-LIN SONG, FENG BIN, ZE-MIN TAO, FANG CHENG LI, QI-FEI HUANG.. Simultaneous removals of NOx, HC and PM from diesel exhaust emissions by dielectric barrier discharges. Journal of Hazardous Materials *166*, 2009.523-530 p.

CHRISTENSEN, C.P. Applied Physics. 211-213., 1979.

CLEMENT, D. Inorganic Thermogravimetric Analysis. New York: Elsevier, 1963.

CLOTHIAUX, E.J. KOROPCHALK. *Plasma Chem.* R. Plasma Proc., 1984.

CONDON, J. Surface area and porosity determinations by physisorption: measurements and theory. Elsevier. Amsterdan, 2006.

CRIADO, J.M, M GONZALEZ, Y M MACIAS. Influence of grinding on both the stability and thermal decomposition mechanical of siderite. Thermochimica 135, 1988. 219-223 p.

DAIGY, Y, H HAIBAO, Y C WEILI. Catalytic Decomposition of Toluene Using Various Dielectric Barrier Discharge Reactors. Plasma science and technology 10, nº 1,2008.

DAS, S, A KIZILKANAT, S CHOWDHURY, D STONE, Y N NEITHALATH. Temperature-induced phase and microstructural transformations in a synthesized iron carbonate (siderite) complex. *Materials and Design* 92, 2016 189-199 p.

DHUPE, A, Y A. N. GOKARN. Studies in the Thermal Decomposition of Natural Siderites in the Presence of Air. International Journal of Mineral Processing 28, 1990. 209-220 p.

DIAO, Y, X ZHENG, Y CH CHEN. Experimental study on capturing CO2 greenhouse gas by ammonia scrubbing. *Energy Conversion and* Management 45, 2004. 2283-2296 p.

DING, J, W.F MIAO, E PIRAULT, R STREET, y P.G MC CORMICK. Structural evolution of Fe + Fe_2O_3 during mechanical milling. Journal of magnetism and Magnetic Materials 177 , 1998. 933-934 p.

DONAT, F y MULLER, C.R. A critical assessment of the testing conditions of CaO-based CO_2 sorbents . Chemical engineering journal.336, 15. 2018. 544-549 p.

DUAN, Y. CO_2 capture properties of alkaline earth metal oxides and hydroxides: a combined density functional theory and lattice phonon dynamics study. J. Chem.Phys. 133 , 2010.1-22 p.

DUAN, Y, D LUEBKE, y H PENNLINE. Efficient theoretical screening of solid sorbents for CO_2 capture applications. J. Clean Coal Energy, 2012.1-11 p.

DUNSTAN, M, Reversible CO_2 absorption by the 6H Perovskite Ba4Sb2O9. Chem. Mater. 25, 2013. 4881-4891 p.

ELIASSON, B. Carbon dioxide chemistry. Environmental Issues, J Paul editors, 1994.

ELWELL, L, Y W GRANT. Technology options for capturing CO_2-Special Reports.» *Power 150 (8)*. Power, 2006.

ESSAKI, K, K KAKAGAWA, M KATO, y M UREMOTO. CO_2 absorption by lithium silicate at room temperature. J. Chem. Eng 37,2004. 772-777 p.

FAGERLUND, J, J HIGHFIELD, y J ZEVENHOVEN. Kinetics studies on wet and dry gas-solid carbonation of MgO and Mg(OH)2 for CO_2 sequestration. *RSC Adv* 2, 2012 10380-10383 p.

FALK, O, H DANNSTROM, y M GRONVOLT. Gas treating using membrane gas/liquid contactors. Fifth International Conference on Greenhouse Gas Control Technologies. Cairns, 2000.

FAN, L, L ZENG, L WANG, Y S LUO. Chemical looping processes for CO2 capture and carbonaceous fuel conversion—prospect and opportunity. Energy Environ. Sci 5, 2012.7254-7280 p.

FENG, Z, YONGFU YU, G LIU, Y W CHEN. Kinetics of the Thermal Decomposition of Wangjiatan Siderite. Journal of Wuhan University of Technology-Mater DOI 10.1007/s11595-011-0261, 2011.623-626 p.

FIGUEROA, JOSÉ, TIMOTHY FOUT , SEAN PLASYNSKI, Y HOWARD MCILVRIED. Advances in CO_2 capture technology—The U.S. Department of Energy's Carbon Sequestration Program. *I*nt ernational Journal of Greenhouse gas control 2, 2008. 9-20 p.

Fosbol, P, K Thompsen, y E Stenby. «Review and recommended thermodynamic properties of FeCO3.» *Corrosion engineering, Science and Technology*, 2013: 115-135.

FRASER, M.E. FEE, D.A.SHEINSON. *Plasma Chem.* R. Plasma Proc., 1985.

FRENCH, B. STABILITY RELATIONS OF SIDERITE (FeCO 3), DETERMINED IN CONTROLLED-f 0 2 ATMOSPHERES. Maryland: Planetology Branch, 1970.

FRENCH, B, Y P ROSEMBERG. Siderite (FeCO3): Thermal Decomposition in Equilibrium with Graphite. *Science* (Science) 1971. 147. 1284-1285 p.

FRIDMAN, Alexander. Plasma Chemistry. *1 st ed.* Cambridge University, 2008. ISBN 978052187353. 2008.

G, Rochelle. Amine scrubbing for CO_2 capture. Science 325, 2009. 1652-1654 p.

GALLAGHER, P.K, Y S.SJ WARNE. Thermogravimetry and thermal decomposition of siderite. Thermochimca 43, 1980. 253-267 p.

GARCÍA, S, R, J ROSENBAUER, J PALANDRI, y M.M MAROTO VALER. Sequestration of non-pure carbon dioxide streams in iron oxyhydroxide-containing saline repositories. International Journal of Greenhouse Gas Control 7, 2012. 89-97 p.

GELLER, B. KOGELSCHATZ, U. *Appl. Phys.* 1991.

GHEISARI, K., S JAVADPOUR, J OH, Y M GHAFFARI. The effect of milling speed on the structural properties of mechanically alloyed Fe–45%Ni powders. Journal of Alloys and Compounds. 472, 2009. 416-420 p.

GOTOR, F, M MACIAS, A ORTEGA, y J CRIADO. Comparative study of the kinetics of the thermal decomposition of synthetic and natural siderite samples. Phys chem minerals 27, 2000. 475-503 p.

GOU, Yufang, XIAOBIN Liao, JIANHUA He, WEIJAN Ou, y DAIQI Ye. Effect of manganese oxide catalyst on the dielectric barrier discharge decomposition of toluene. Catalysis Today 153, 2010. 176-183 p.

GRAY, M, K CHAMPAGNE, y K PENNLINE. Improved immobilized carbon dioxide capture sorbents. Fuel Process. Technol 86, nº 14, 2005.1449-1455 p.

GRUENE, P, A BELOVA, T YEGULAP, y R FARRAUTO. Dispersed calcium oxide as a reversible and efficient CO_2—sorbent at intermediate temperatures. Ind. Eng. Chem 50, 2011. 4042-4049 p.

GUPTA, H, Y F LIENG. Gupta, H. Lieng, F. Carbonation−Calcination Cycle Using High Reactivity Calcium Oxide for Carbon Dioxide Separation from Flue Gas. *Ind.* Eng. Chem 41, nº 16, 2002. 4035–4042 p.

HAM-LIU, I, MENDOZA-NIETO,J Y PFEIFFER,H. CO_2 chemisorption enhancement produced by K_2CO_3- and Na_2CO_3-addition on Li_2CuO_2. Journal of CO_2 utilization. 23, 2018. 143-151p.

HAN, K, CHI KYU, Y MAN SU LEE. Performance of an ammonia-based CO_2 capture pilot facility in iron and steel industry. International Journal of Greenhouse Gas Control 27, 2014. 239-246 p.

HASSANZADEH, A, Y J ABBASIAN. Regenerable MgO-based sorbents for high-temperature CO_2 removal from syngas: 1. sorbent development, evaluation, and reaction modeling. Fuel 89, 2010. 1287-1297 p.

HIPPLER, R. KERSTEN. H.SCMIDT, M. *Low temperature plasmas.* . Wiley-vch, 2008.

HO, M, M LEAMON, D ALLINSON, Y D WILEY. Economics of CO_2 and mixed gas geosequestration of flue gas using gas separation membranes. Journal of membrane science 45, 2006. 2546-2552 p.

HODKIEWICKS, J. *Characterizing Carbon Materials with Raman Spectroscopy.* Madison: Thermo Fisher Scientific.

JIANG, L, ROSKILLY, A.P y WANG, RZ. Performance exploration of temperature swing adsorption technology for carbon dioxide capture. Energy conversion and management 165 n° 1, 2018. 396-404.

KATO, Y, N YAMASHITA, Y K KOBAYASHI. Kinetic study of the hydration of magnesium oxide for a chemical heat pump. Appl. Therm. Eng 16 , 1996. 853-862 p.

KIM, Yeonbae, y ERNST Worrel. International comparison of CO2 emission trends in the iron and steel industry. Energy Policy 30, 2002. 827-838 p.

KOCH, C. Synthesis of nanostructured materials by mechanical milling: problems and opportunities. NanoSbudurcd Materiels. 9, 1997). 3-22 p.

KONG, X, W SCOTT, W DING, J MASON, y J LOG. CO_2 Dynamics in a Metal−Organic Framework with Open Metal Sites. Journal of the american chemical society 134, 2012. 14341-14344 p.

KOZIOL, A. Experimental determination of siderite (iron carbonate) stability under moderate pressure-temperature conditions, and application to martian carbonate parageneses. Dayton: lunar and planetary science xxx.

KOZIOL, M. Carbonate and magnetite parageneses as monitors of carbon dioxide and oxygen fugacity. Dayton: lunar and planetary science xxxi.

KUMAR, S. The effect of elevated pressure, temperature and particles morphology on the carbon dioxide capture using zinc oxide. Journal of CO2 Utilization 8, 2014. 60-66 p.

KUMAR, S, S SAXENA, V DROZD, y A DURYGIN. An experimental investigation of mesoporous MgO as a potential material for CO_2 capture. Mater Renew Sustrain Energy, nº DOI10.1007/s40243-015-0050-0, 2015.

KUMAR, S, Y S SAXENA. A comparative study of CO2 sorption properties for different oxides. Mater Renew Sustain Energy DOI 10.1007/s40243-014-0030-9 ,2014. 1-15 p.

KYUNG, T. WON, K. GYU, W. Reaction between methane and carbon dioxide to produce syngas in dielectric barrier discharge system. Editado por Kangwon

National University. Department of Chemical Engineering. Journal of Industrial and Engineering Chemistry *18*, 2012. 1710-1714 p.

LARSON, A.C, Y R.B. VON DREELE. General Structure Analysis System (GSAS), Los Alamos National Laboratory Report LAUR , 2004. 86-748, 2004.

LERAY, A, A KHACEF, Y M MAKEROV. Diesel Oxidation Catalyst Combined to Non-Thermal Plasma: Effect on Activation Catalyst Temperature and by-products formation.

LIN, Yi-sing, YEN Chiao Chen, y HSIN Chu. The mechanism of coal gas desulfurization by iron oxide sorbents. Chemosphere 121, 2015. 62-67 p.

LIU, C, y S SHIH. Kinetics of the reaction of iron blast furnace slag/hydrated lime sorbents with SO_2 at low temperatures: effects of the presence of CO_2, O_2, and NO_X. *I*nd. Eng. Chem. Res 48, 2009.8335-8340 p.

LIU, G, G STREZOV, V LUCAS, y J WIBBERLEY. Thermal investigations of direct iron reduction with coal. Thermochim 410, 2004. 133-140 p.

LU, H, P SMIMIOTIS, y E REDDY. Calcium oxide based sorbents for capture of carbon dioxide at high temperatures. Eng. Chem. 45 , 2006. 3944-3949 p.

LUO, Y.H, D.Q ZHU, J PAN, y X.L. ZHOU. Thermal decomposition behaviour and kinetics of Xinjiang siderite ore. Mineral Processing and Extractive Metallurgy 125 ,2016. 17-25 p.

MERKEL, T, H LIN, y X WEI. Power plant post-combustion carbon dioxide capture: An opportunity for membranes. Journal of Membrane Science 359, 2010.126-139p.

MORA, E, SARMIENTO, A y VERA, E. Alumina and quartz as dielectrics in a dielectric barrier discharges DBD system for CO_2 hydrogenation. Journal of Physics: Conference Series 687, 2016: 2.

MORA, E, SARMIENTO, A, VERA, E, DROZD, D, DURIGYN A, y SAXENA, S. Formation and decomposition of siderite for CO_2 treatment . Journal of Physics: Conference Series,935, 2017 012044

NANDI, P, P.M.G NANBISSAN, y I MANNA. Amorphisation and intermetallic nanophase formation in ball-milled Al–Ti–Si studied through positron lifetime spectroscopy. Journal of Alloys and Compounds 377, 2004. 179-187 p.

NGUYEN, Hoang Ha, y KYO-SEO Kim. Combination of plasmas and catalytic reactions for CO_2 reforming of CH_4 by dielectric barrier discharge process. Catalysis Today, 2015. 1-8 p.

NOWROUZY, M, YOUNESI,H y BAHRAMIFAR, N. Superior CO2 capture performance on biomass-derived carbon/metal oxides nanocomposites from Persian ironwood by H3PO4 activation. Fuel. 223, 2018. 99-114p

PANNOCCHIA, Gabriele, PUCCINI, Mónica, MAURIZIA Seggiani, y VITOLO, Sandra. Experimental and Modeling Studies on High-Temperature Capture of CO_2 Using Lithium Zirconate Based Sorbents. *Industrial & engineering chemistry research* 46, 2007. 6696-6706 p.

PATTERSON, JH. A review of the effects of minerals in processing of Auatralian oil shales. Fuel 73, 1994. 321-327 p.

PETRICK, Susana, CASTILLO, Ronald. Método de Rietveld para el estudio de estructuras cristalinas. Revciuni, 2004. 1-5 p.

PRABHU, C, C SURYANARAYANA, L AN, y R VAIDYANATHAN. «Synthesis and characterization of high volume fraction Al–Al2O3 nanocomposite powders by high-energy milling.» *Materials Science and Engineering A* 425 (2006): 192-200.

REICH, S, y C THOMSEN. Raman spectroscopy of graphite. The royal society 362 2004. 2271-2278 p.

RHEE, C, J KIM, K HAN, y C CHUN. Process analysis for ammonia-based CO_2 capture in ironmaking industry. Energy Procedia 4, 2011. 1486-1493 p.

ROCHELLE, G. Amine scrubbing for CO2 capture. Science 325, 2009. 1652–1654p.

SALVADOR, C, D LU, E ANTHONY, y J ABANADES. Enhancement of CaO for CO_2 capture in an FBC environment. Chem. Eng. J. 96, 2003. 187-195 p.

SAMANTA, S, S ZHAO, G SHIMIZU, P SARKAR, y P GUPTA. Post-combustion CO_2 capture using solid sorbents: a review. Ind. Eng. Chem 51, 2012. 1438-1463 p.

SAMOILOVICH, VG. y GIBALOV, V.I. Physical Chemistry of the Barrier Discharge. Düsserldorf. , 1997.

SANZ-PÉREZ, Eloy, CHRISTOPHER Murdock, DIDAS Stephanie y JONES Christopher. Direct Capture of CO_2 from Ambient Air. Chemical reviews 116, nº 19 2016. 11840-11876 p.

SAZAL, K, KUNDU, ERIC M y KENNEDY, V. Experimental investigation of alumina and quartz as dielectrics for a cylindrical double dielectric barrier discharge reactor in argon diluted methane plasma.Chemical Engineering Journal 180, 2011. 178-189 p.

SHERIF, M, K AOKI, K SUMIYAMA, y Suzuki, K. Cyclic Solid-State Transformations during Ball Milling of Aluminum Zirconium Powder and the Effect and the Effect high-energy planetary ball mill (Fritsch P5) equipped with. Metallurgical and materials transactions 30A, 1999. 1877-1880 p.

SUN,J, YANG,Y, GUO,Y,XU,Y,LI,W,ZHAO,C y LIU,W. Stabilized CO_2 capture performance of wet mechanically activated dolomite. Fuel. 222, 2018. 334-342 p.

SURYANARAYANA, C. Mechanical alloying and milling. *Progress in Materials Science* 46, 2001.1-184 p.

TAO ZHOU, G. Synthesis of siderite microspheres and their transformation to magnetite microspheres. European Journal of Mineralogy, 2011. DOI: 10.1127/0935-1221/2011/0023-2134.

TIKELAR, G, K SHINDE, K KALE, R RASKAR, y A GAIKWARD. The capture of carbon dioxide by transition metal aluminates, calcium aluminate, calcium zirconate, calcium silicate and lithium zirconate. Front. Chem. Sci. Eng. 5, 2011. 477-491 p.

TOBY, B.H. EXPGUI, a graphical interface for GSAS. J. Appl. Cryst 34, 2001. 210-221 p.

TORRES, M. Crecimiento y deformación del óxido durante la laminación en caliente de aceros de bajo carbono.Nuevo León, 1992.

TU, X y WHITEHEAD, J. Plasma -catalytic dry reforming of methane in an atmospheric dielectric barrier discharge: Undestanding the synergistic effect at low temperature. Applied catalysis B, 2012. 439-448 p.

TUINSTRA, F, y J.L KOENIG. Raman spectrum of graphite. J. Chem. Phys 53, 1970. 1126 p.

VENEGAS, M, E FREGOSO, R ESCAMILLA, Y H PFEIFFER. «M. VENEGAS, E. FREGOSO, R. ESCAMILLA y H. PFEIFFER. Kinetic and Reaction Mechanism of CO_2 Sorption on Li_4SiO_4: Study of the Particle Size Effect. Eng. Chem. 46, nº 8 2007. 2407-2412 p.

WANG, Y, D ALSMEYER, y R MCCREERY. Raman Spectroscopy of Carbon Materials: Structural Basis of Observed Spectra. Chem. Mater 2, 1990.557-563 p.

WARNE, S. Differential thermal analysis of siderite-kaolinite mixtures. American Mineralogist 57, 1972. 960-966 p.

WIERS, B. Capture of Carbon Dioxide from Air and Flue Gas in the Alkylamine-Appended Metal−Organic Framework mmen-Mg2. Journal of the american chemical society, 2012. 7056-7069 p.

YAMAUCHI, Kenji, NORIHIRO Murayama, y JUNJI Shibata. Absorption and Release of Carbon Dioxide. Materials Transactions 48, nº 10, 2007.2739-2742 p.

YANG, W, y CIFERMO, J. Assessment of Carbozyme Enzyme-Based Membrane Technology for CO2 Capture from Flue Gas. 2006. DOE/NETL401/072606.

YARRAMENDI, S, y Caballero, S. Mineralizaci6n de dioxido de carbono mediante carbonataci6n de residuos térmicos . *Dyna, energía y sostenibilidad* 2, 2012. 1-12p.

YU, Cheng-Hsiu, CHIH-HUNG Huang, y CHUNG-SUNG, Tan. A Review of CO_2 Capture by Absorption and Adsorption. Aerosol and Air Quality Research 12, 2012. 745-769 p.

ZAMAN, Muhammad, y JAY HYUNG, Lee. Carbon capture from stationary power generation sources: A review of the current status of the technologies. Korean J. Chem. Eng 30, nº 8, 2013. 1497-1526 p.

ZHANG , F.L, M ZHU, y Wang, C. Parameters optimization in the planetary ball milling of nanostructured tungsten carbide/cobalt powder. /nternational Journal of Refractory Metals & Hard Materials 26, 2008. 329-333 p.

Zhang, B, DUAN, Y y K Jhonson. Density functional theory study of CO_2 capture with transition metal oxides and hydroxides. J. Chem. Phys 16, 2012. 136-145 p.

ZHAO, L, E RIENSCHE, R MENZER, L BLUM, y D STOLTEN. A parametric study of CO_2/N_2 gas separation membrane processes for post-combustion capture.» Journal of Membrane Science 325, 2008. 284-294 p.

ZHOU, J.B., y Rao, K. Structure and morphology evolution during mechanical alloying of Ti–Al–Si powder systems. Journal of Alloys and Compounds 384 ,2004. 125-130 p.

ANEXO A

PLANO DE REACTOR PARA CARBONATACION MECÁNICO-QUÍMICA

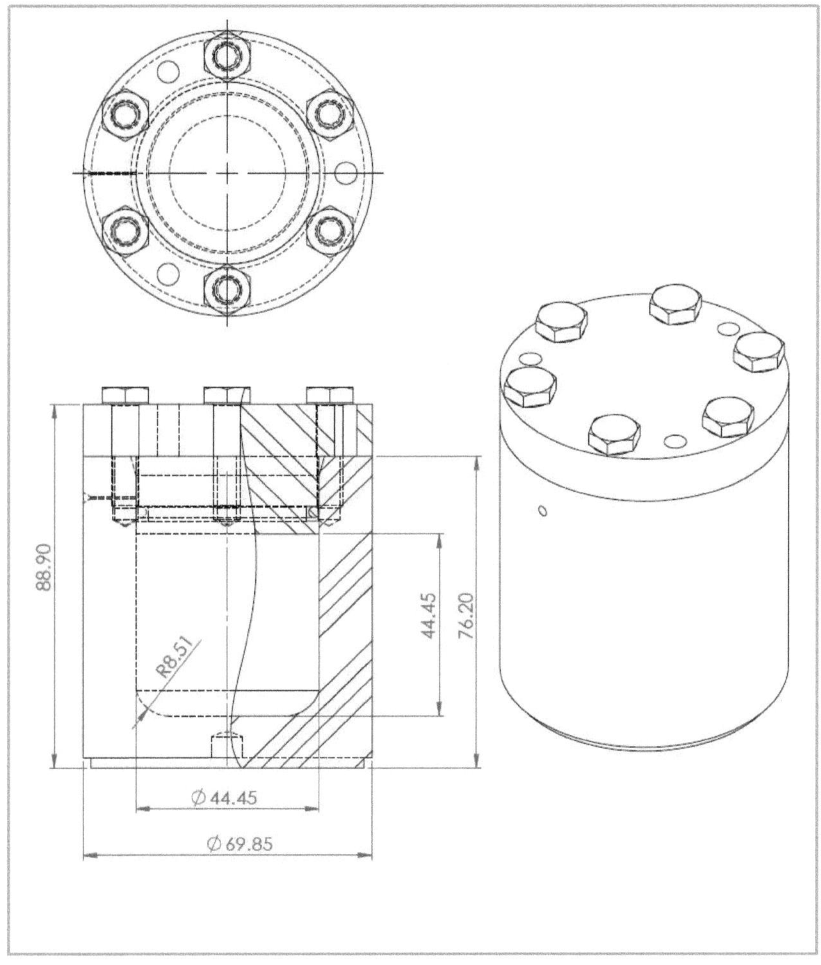

ANEXO B
RESULTADOS DE REFINAMIENTO RIETVELD DESDE CARACTERIZACIÓN POR RAYOS X PARA MINERAL DE HIERRO

Cycle 278 There were 1529 observations.
Reduced CHI**2 = 1.182 for 4 variables

Atom parameters for phase no. 1
frac x y z 100*Uiso 100*U11 100*U22 100*U33 100*U12 100*U13 100*U23
Calculated unit cell formula weight: 958.146, density: 5.227gm/cm**3

Atom parameters for phase no. 2
frac x y z 100*Uiso 100*U11 100*U22 100*U33 100*U12 100*U13 100*U23
Calculated unit cell formula weight: 695.130, density: 3.886gm/cm**3

Atom parameters for phase no. 3
frac x y z 100*Uiso 100*U11 100*U22 100*U33 100*U12 100*U13 100*U23
Calculated unit cell formula weight: 351.380, density: 4.191gm/cm**3

Phase/element fractions for phase no. 1
Hist Elem: 1 1 PXC
Fraction : 0.364570
Sigmas : 4.16504
Shift/esd: 0.00
Wt. Frac.: 0.48009
Sigmas : 2.85160

Phase/element fractions for phase no. 2
Hist Elem: 1 1 PXC
Fraction : 0.221448
Sigmas : 2.52998
Shift/esd: 0.00
Wt. Frac.: 0.21157
Sigmas : 1.90573

Phase/element fractions for phase no. 3
Hist Elem: 1 1 PXC
Fraction : 0.638461
Sigmas : 7.29348
Shift/esd: 0.00
Wt. Frac.: 0.30834
Sigmas : 2.43624

ANEXO C

CALCULOS DE SIMULACIÓN EN FACTSAGE PARA EL SISTEMA Fe_2O_3-Fe-CO_2 A PRESIÓN DE 10BAR Y TEMPERATURAS DE 25 A 325°C.

```
.................................................................
                                                          Page 1
[25 C]
 FTdemo demonstration database - use only for slide shows and teaching.
FactSage 7.0
 T = 25 C
 P = 10 bar
 V = 7.9113E-02 dm3

 STREAM CONSTITUENTS            AMOUNT/gram   TEMPERATURE/C   PRESSURE/bar
STREAM
 Fe2O3_hematite                  1.0000E+00        25.00        1.0000E+00
1
 Fe_bcc                          1.0000E+00        25.00        1.0000E+00
1
 CO2/gas_ideal/                  3.0000E+00        25.00        1.0000E+00
1
*****************************************************************
    Cp_INI         H_INI          S_INI          G_INI          V_INI
    J.K-1            J            J.K-1            J             dm3
*****************************************************************
 3.63702E+00  -3.19965E+04  1.56191E+01  -3.66533E+04  1.68984E+00

                               EQUIL AMOUNT   MOLE FRACTION     FUGACITY
 PHASE: gas_ideal                  mol                             bar
 CO2                            3.1914E-02     1.0000E+00     1.0000E+01
 TOTAL:                         3.1914E-02     1.0000E+00     1.0000E+00
    System component          Mole fraction  Mass fraction
    Fe                          4.2324E-70     1.6112E-69
    O                           0.66667        0.72709
    C                           0.33333        0.27291
                                  gram                         ACTIVITY
 FeCO3_Siderite(s)              3.5256E+00                    1.0000E+00
 C_Graphite(s)                  6.9929E-02                    1.0000E+00
*****************************************************************
   DELTA Cp       DELTA H        DELTA S        DELTA G        DELTA V
    J.K-1            J            J.K-1            J             dm3
*****************************************************************
 1.01485E-01  -3.72581E+03  -6.46401E+00  -1.79857E+03  -1.61073E+00

*****************************************************************
     Cp              H              S              G              V
    J.K-1            J            J.K-1            J             dm3
*****************************************************************
 3.73850E+00  -3.57223E+04  9.15510E+00  -3.84519E+04  7.91133E-02

.................................................................
.....
```

```
[50 C]
 FTdemo demonstration database - use only for slide shows and teaching.
FactSage 7.0
 T = 50 C
 P = 10 bar
 V = 8.5747E-02 dm3

 STREAM CONSTITUENTS           AMOUNT/gram   TEMPERATURE/C   PRESSURE/bar
STREAM
 Fe2O3_hematite                 1.0000E+00        25.00        1.0000E+00
1
 Fe_bcc                         1.0000E+00        25.00        1.0000E+00
1
 CO2/gas_ideal/                 3.0000E+00        25.00        1.0000E+00
1
 **********************************************************************
    Cp_INI         H_INI          S_INI          G_INI          V_INI
    J.K-1            J            J.K-1            J             dm3
 **********************************************************************
  3.63702E+00  -3.19965E+04   1.56191E+01  -3.66533E+04   1.68984E+00

                               EQUIL AMOUNT  MOLE FRACTION     FUGACITY
 PHASE: gas_ideal                  mol                            bar
 CO2                            3.1914E-02     1.0000E+00     1.0000E+01
 TOTAL:                         3.1914E-02     1.0000E+00     1.0000E+00
    System component           Mole fraction  Mass fraction
    Fe                          2.6066E-64     9.9228E-64
    O                           0.66667        0.72709
    C                           0.33333        0.27291
                                  gram                         ACTIVITY
 FeCO3_Siderite(s)              3.5256E+00                    1.0000E+00
 C_Graphite(s)                  6.9929E-02                    1.0000E+00
 **********************************************************************
   DELTA Cp       DELTA H        DELTA S        DELTA G        DELTA V
    J.K-1            J            J.K-1            J             dm3
 **********************************************************************
  2.42585E-01  -3.63057E+03  -6.15733E+00  -2.03130E+03  -1.60410E+00

 **********************************************************************
      Cp             H              S              G              V
    J.K-1            J            J.K-1            J             dm3
 **********************************************************************
  3.87960E+00  -3.56271E+04   9.46178E+00  -3.86846E+04   8.57469E-02
```

....


```
[75 C]
 FTdemo demonstration database - use only for slide shows and teaching.
FactSage 7.0
 T = 75 C
 P = 10 bar
 V = 9.2381E-02 dm3
```

```
 STREAM CONSTITUENTS            AMOUNT/gram   TEMPERATURE/C   PRESSURE/bar
STREAM
 Fe2O3_hematite                   1.0000E+00        25.00        1.0000E+00
1
 Fe_bcc                           1.0000E+00        25.00        1.0000E+00
1
 CO2/gas_ideal/                   3.0000E+00        25.00        1.0000E+00
1
*******************************************************************
    Cp_INI          H_INI          S_INI          G_INI          V_INI
     J.K-1            J            J.K-1            J             dm3
*******************************************************************
  3.63702E+00  -3.19965E+04   1.56191E+01  -3.66533E+04   1.68984E+00

                                EQUIL AMOUNT  MOLE FRACTION     FUGACITY
 PHASE: gas_ideal                   mol                            bar
 CO2                              3.1914E-02    1.0000E+00     1.0000E+01
 TOTAL:                           3.1914E-02    1.0000E+00     1.0000E+00
    System component             Mole fraction  Mass fraction
    Fe                            2.4054E-59    9.1568E-59
    O                             0.66667       0.72709
    C                             0.33333       0.27291
                                    gram                        ACTIVITY
 FeCO3_Siderite(s)                3.5256E+00                   1.0000E+00
 C_Graphite(s)                    6.9929E-02                   1.0000E+00
*******************************************************************
   DELTA Cp        DELTA H        DELTA S        DELTA G        DELTA V
     J.K-1            J            J.K-1            J             dm3
*******************************************************************
  3.75000E-01  -3.53190E+03  -5.86331E+00  -2.27155E+03  -1.59746E+00

*******************************************************************
      Cp              H              S              G              V
     J.K-1            J            J.K-1            J             dm3
*******************************************************************
  4.01202E+00  -3.55284E+04   9.75580E+00  -3.89249E+04   9.23806E-02
.....................................................................
                                                                  Page 4
[100 C]
 FTdemo demonstration database - use only for slide shows and teaching.
FactSage 7.0
 T = 100 C
 P = 10 bar
 V = 9.9014E-02 dm3

 STREAM CONSTITUENTS            AMOUNT/gram   TEMPERATURE/C   PRESSURE/bar
STREAM
 Fe2O3_hematite                   1.0000E+00        25.00        1.0000E+00
1
 Fe_bcc                           1.0000E+00        25.00        1.0000E+00
1
 CO2/gas_ideal/                   3.0000E+00        25.00        1.0000E+00
1
```

```
*******************************************************************
   Cp_INI         H_INI          S_INI          G_INI          V_INI
    J.K-1           J            J.K-1            J             dm3
*******************************************************************
 3.63702E+00  -3.19965E+04   1.56191E+01  -3.66533E+04   1.68984E+00

                               EQUIL AMOUNT  MOLE FRACTION     FUGACITY
PHASE: gas_ideal                   mol                            bar
CO2                             3.1914E-02     1.0000E+00     1.0000E+01
TOTAL:                          3.1914E-02     1.0000E+00     1.0000E+00
   System component            Mole fraction  Mass fraction
   Fe                           4.8602E-55     1.8502E-54
   O                            0.66667        0.72709
   C                            0.33333        0.27291
                                   gram                        ACTIVITY
FeCO3_Siderite(s)               3.5256E+00                    1.0000E+00
C_Graphite(s)                   6.9929E-02                    1.0000E+00
*******************************************************************
  DELTA Cp       DELTA H        DELTA S        DELTA G        DELTA V
    J.K-1           J            J.K-1            J             dm3
*******************************************************************
 4.98297E-01  -3.43004E+03  -5.58080E+00  -2.51900E+03  -1.59083E+00

*******************************************************************
     Cp             H              S              G              V
    J.K-1           J            J.K-1            J             dm3
*******************************************************************
 4.13531E+00  -3.54265E+04   1.00383E+01  -3.91723E+04   9.90143E-02


.....................................................................
                                                                Page 5
[125 C]
 FTdemo demonstration database - use only for slide shows and teaching.
FactSage 7.0
 T = 125 C
 P = 10 bar
 V = 0.10565 dm3

 STREAM CONSTITUENTS           AMOUNT/gram   TEMPERATURE/C   PRESSURE/bar
STREAM
 Fe2O3_hematite                  1.0000E+00        25.00       1.0000E+00
1
 Fe_bcc                          1.0000E+00        25.00       1.0000E+00
1
 CO2/gas_ideal/                  3.0000E+00        25.00       1.0000E+00
1
*******************************************************************
   Cp_INI         H_INI          S_INI          G_INI          V_INI
    J.K-1           J            J.K-1            J             dm3
*******************************************************************
 3.63702E+00  -3.19965E+04   1.56191E+01  -3.66533E+04   1.68984E+00

                               EQUIL AMOUNT  MOLE FRACTION     FUGACITY
```

```
PHASE: gas_ideal                    mol                              bar
CO2                              3.1914E-02     1.0000E+00     1.0000E+01
TOTAL:                           3.1914E-02     1.0000E+00     1.0000E+00
   System component            Mole fraction  Mass fraction
   Fe                            2.8570E-51     1.0876E-50
   O                             0.66667        0.72709
   C                             0.33333        0.27291
                                   gram                         ACTIVITY
FeCO3_Siderite(s)                3.5256E+00                     1.0000E+00
C_Graphite(s)                    6.9929E-02                     1.0000E+00
*********************************************************************
  DELTA Cp       DELTA H        DELTA S        DELTA G        DELTA V
    J.K-1           J            J.K-1            J             dm3
*********************************************************************
 6.12570E-01  -3.32521E+03  -5.30892E+00  -2.77338E+03  -1.58420E+00

*********************************************************************
     Cp             H              S              G              V
    J.K-1           J            J.K-1            J             dm3
*********************************************************************
 4.24959E+00  -3.53217E+04   1.03102E+01  -3.94267E+04   1.05648E-01


.......................................................................
                                                                Page 6
[150 C]
 FTdemo demonstration database - use only for slide shows and teaching.
FactSage 7.0
 T = 150 C
 P = 10 bar
 V = 0.11228 dm3

 STREAM CONSTITUENTS            AMOUNT/gram   TEMPERATURE/C   PRESSURE/bar
STREAM
 Fe2O3_hematite                  1.0000E+00        25.00        1.0000E+00
1
 Fe_bcc                          1.0000E+00        25.00        1.0000E+00
1
 CO2/gas_ideal/                  3.0000E+00        25.00        1.0000E+00
1
*********************************************************************
   Cp_INI         H_INI          S_INI          G_INI          V_INI
    J.K-1           J            J.K-1            J             dm3
*********************************************************************
 3.63702E+00  -3.19965E+04   1.56191E+01  -3.66533E+04   1.68984E+00

                               EQUIL AMOUNT  MOLE FRACTION     FUGACITY
 PHASE: gas_ideal                   mol                           bar
 CO2                             3.1914E-02     1.0000E+00     1.0000E+01
 TOTAL:                          3.1914E-02     1.0000E+00     1.0000E+00
   System component            Mole fraction  Mass fraction
   Fe                            6.0716E-48     2.3113E-47
   O                             0.66667        0.72709
   C                             0.33333        0.27291
```

```
                              gram                    ACTIVITY
FeCO3_Siderite(s)             3.5256E+00              1.0000E+00
C_Graphite(s)                 6.9929E-02              1.0000E+00
*******************************************************************
  DELTA Cp      DELTA H      DELTA S      DELTA G      DELTA V
   J.K-1           J          J.K-1          J           dm3
*******************************************************************
 7.18198E-01  -3.21764E+03  -5.04691E+00  -3.03443E+03  -1.57756E+00

*******************************************************************
     Cp            H            S            G            V
   J.K-1           J          J.K-1          J           dm3
*******************************************************************
 4.35521E+00  -3.52141E+04   1.05722E+01  -3.96878E+04   1.12282E-01

.......................................................................
                                                             Page 7
[175 C]
 FTdemo demonstration database - use only for slide shows and teaching.
FactSage 7.0
 T = 175 C
 P = 10 bar
 V = 0.11892 dm3

 STREAM CONSTITUENTS          AMOUNT/gram   TEMPERATURE/C   PRESSURE/bar
STREAM
 Fe2O3_hematite                1.0000E+00        25.00       1.0000E+00
1
 Fe_bcc                        1.0000E+00        25.00       1.0000E+00
1
 CO2/gas_ideal/                3.0000E+00        25.00       1.0000E+00
1
*******************************************************************
   Cp_INI        H_INI        S_INI        G_INI        V_INI
   J.K-1           J          J.K-1          J           dm3
*******************************************************************
 3.63702E+00  -3.19965E+04   1.56191E+01  -3.66533E+04   1.68984E+00

                              EQUIL AMOUNT  MOLE FRACTION   FUGACITY
 PHASE: gas_ideal                 mol                          bar
 CO2                          3.1914E-02    1.0000E+00    1.0000E+01
 TOTAL:                       3.1914E-02    1.0000E+00    1.0000E+00
   System component          Mole fraction  Mass fraction
   Fe                         5.5232E-45    2.1026E-44
   O                          0.66667       0.72709
   C                          0.33333       0.27291
                              gram                    ACTIVITY
FeCO3_Siderite(s)             3.5256E+00              1.0000E+00
C_Graphite(s)                 6.9929E-02              1.0000E+00
*******************************************************************
  DELTA Cp      DELTA H      DELTA S      DELTA G      DELTA V
   J.K-1           J          J.K-1          J           dm3
*******************************************************************
 8.15721E-01  -3.10752E+03  -4.79410E+00  -3.30191E+03  -1.57093E+00
```

```
*****************************************************************
     Cp              H              S              G              V
    J.K-1            J            J.K-1            J             dm3
*****************************************************************
 4.45274E+00  -3.51040E+04   1.08250E+01  -3.99552E+04   1.18915E-01

.....................................................................
                                                              Page 8
[200 C]
 FTdemo demonstration database - use only for slide shows and teaching.
FactSage 7.0
 T = 200 C
 P = 10 bar
 V = 0.12555 dm3

 STREAM CONSTITUENTS          AMOUNT/gram   TEMPERATURE/C   PRESSURE/bar
STREAM
 Fe2O3_hematite                1.0000E+00        25.00        1.0000E+00
1
 Fe_bcc                        1.0000E+00        25.00        1.0000E+00
1
 CO2/gas_ideal/                3.0000E+00        25.00        1.0000E+00
1
*****************************************************************
    Cp_INI          H_INI          S_INI          G_INI          V_INI
    J.K-1            J            J.K-1            J             dm3
*****************************************************************
 3.63702E+00  -3.19965E+04   1.56191E+01  -3.66533E+04   1.68984E+00

                              EQUIL AMOUNT  MOLE FRACTION    FUGACITY
 PHASE: gas_ideal                 mol                           bar
 CO2                           3.1914E-02    1.0000E+00    1.0000E+01
 TOTAL:                        3.1914E-02    1.0000E+00    1.0000E+00
   System component           Mole fraction  Mass fraction
   Fe                          2.4577E-42    9.3560E-42
   O                           0.66667       0.72709
   C                           0.33333       0.27291
                                  gram                       ACTIVITY
 FeCO3_Siderite(s)             3.5256E+00                  1.0000E+00
 C_Graphite(s)                 6.9929E-02                  1.0000E+00
*****************************************************************
   DELTA Cp        DELTA H        DELTA S        DELTA G        DELTA V
    J.K-1            J            J.K-1            J             dm3
*****************************************************************
 9.05815E-01  -2.99506E+03  -4.54993E+00  -3.57560E+03  -1.56429E+00

*****************************************************************
     Cp              H              S              G              V
    J.K-1            J            J.K-1            J             dm3
*****************************************************************
 4.54283E+00  -3.49916E+04   1.10692E+01  -4.02289E+04   1.25549E-01

.....................................................................
```

```
                                                             Page 9
[225 C]
 FTdemo demonstration database - use only for slide shows and teaching.
FactSage 7.0
 T = 225 C
 P = 10 bar
 V = 0.13218 dm3

 STREAM CONSTITUENTS          AMOUNT/gram   TEMPERATURE/C   PRESSURE/bar
STREAM
 Fe2O3_hematite                1.0000E+00       25.00        1.0000E+00
1
 Fe_bcc                        1.0000E+00       25.00        1.0000E+00
1
 CO2/gas_ideal/                3.0000E+00       25.00        1.0000E+00
1
 ********************************************************************
    Cp_INI        H_INI         S_INI         G_INI         V_INI
    J.K-1           J           J.K-1           J            dm3
 ********************************************************************
  3.63702E+00  -3.19965E+04  1.56191E+01  -3.66533E+04  1.68984E+00

                              EQUIL AMOUNT  MOLE FRACTION    FUGACITY
 PHASE: gas_ideal                 mol                           bar
 CO2                           3.1914E-02    9.9999E-01     9.9999E+00
 TOTAL:                        3.1914E-02    1.0000E+00     1.0000E+00
    System component          Mole fraction  Mass fraction
    Fe                         5.9532E-40    2.2662E-39
    O                          0.66667       0.72709
    C                          0.33333       0.27291
                                  gram                       ACTIVITY
 FeCO3_Siderite(s)             3.5256E+00                    1.0000E+00
 C_Graphite(s)                 6.9927E-02                    1.0000E+00
 ********************************************************************
   DELTA Cp      DELTA H       DELTA S       DELTA G       DELTA V
    J.K-1           J           J.K-1           J            dm3
 ********************************************************************
  9.89330E-01  -2.88043E+03  -4.31387E+00  -3.85530E+03  -1.55766E+00

 ********************************************************************
      Cp            H             S             G             V
    J.K-1           J           J.K-1           J            dm3
 ********************************************************************
  4.62635E+00  -3.48769E+04  1.13052E+01  -4.05086E+04  1.32183E-01

.........................................................................
                                                            Page 10
[250 C]
 FTdemo demonstration database - use only for slide shows and teaching.
FactSage 7.0
 T = 250 C
 P = 10 bar
 V = 0.24913 dm3
```

```
 STREAM CONSTITUENTS           AMOUNT/gram   TEMPERATURE/C   PRESSURE/bar
STREAM
 Fe2O3_hematite                 1.0000E+00        25.00        1.0000E+00
1
 Fe_bcc                         1.0000E+00        25.00        1.0000E+00
1
 CO2/gas_ideal/                 3.0000E+00        25.00        1.0000E+00
1
 *******************************************************************
    Cp_INI         H_INI          S_INI          G_INI          V_INI
     J.K-1           J            J.K-1            J             dm3
 *******************************************************************
  3.63702E+00  -3.19965E+04  1.56191E+01  -3.66533E+04   1.68984E+00

                               EQUIL AMOUNT  MOLE FRACTION    FUGACITY
 PHASE: gas_ideal                  mol                          bar
 CO2                            5.7272E-02    9.9997E-01    9.9997E+00
 TOTAL:                         5.7274E-02    1.0000E+00    1.0000E+00
    System component           Mole fraction  Mass fraction
    Fe                          8.2325E-38    3.1340E-37
    O                           0.66666       0.72709
    C                           0.33334       0.27291
                                  gram                       ACTIVITY
 Fe3O4_Magnetite(s)             2.3486E+00                  1.0000E+00
 C_Graphite(s)                  1.3083E-01                  1.0000E+00
 *******************************************************************
   DELTA Cp       DELTA H        DELTA S        DELTA G       DELTA V
    J.K-1           J            J.K-1            J             dm3
 *******************************************************************
  1.09961E+00  -9.12239E+02  -5.36198E-01  -4.14603E+03  -1.44072E+00

 *******************************************************************
      Cp             H              S              G              V
    J.K-1            J            J.K-1            J             dm3
 *******************************************************************
  4.73663E+00  -3.29087E+04  1.50829E+01  -4.07994E+04   2.49126E-01

.....................................................................
                                                              Page 11
[275 C]
 FTdemo demonstration database - use only for slide shows and teaching.
FactSage 7.0
 T = 275 C
 P = 10 bar
 V = 0.26104 dm3

 STREAM CONSTITUENTS           AMOUNT/gram   TEMPERATURE/C   PRESSURE/bar
STREAM
 Fe2O3_hematite                 1.0000E+00        25.00        1.0000E+00
1
 Fe_bcc                         1.0000E+00        25.00        1.0000E+00
1
 CO2/gas_ideal/                 3.0000E+00        25.00        1.0000E+00
1
```

```
*******************************************************************
   Cp_INI          H_INI          S_INI          G_INI          V_INI
    J.K-1            J            J.K-1            J             dm3
*******************************************************************
 3.63702E+00  -3.19965E+04   1.56191E+01  -3.66533E+04   1.68984E+00

                             EQUIL AMOUNT  MOLE FRACTION     FUGACITY
PHASE: gas_ideal                 mol                           bar
CO2                           5.7271E-02     9.9992E-01    9.9992E+00
TOTAL:                        5.7275E-02     1.0000E+00    1.0000E+00
   System component         Mole fraction  Mass fraction
   Fe                         3.9977E-36     1.5219E-35
   O                          0.66666        0.72708
   C                          0.33334        0.27292
                                gram                        ACTIVITY
Fe3O4_Magnetite(s)            2.3486E+00                   1.0000E+00
C_Graphite(s)                 1.3082E-01                   1.0000E+00
*******************************************************************
  DELTA Cp        DELTA H        DELTA S        DELTA G        DELTA V
    J.K-1            J            J.K-1            J             dm3
*******************************************************************
 1.19757E+00  -7.92610E+02  -3.12841E-01  -4.52590E+03  -1.42881E+00

*******************************************************************
     Cp              H              S              G              V
    J.K-1            J            J.K-1            J             dm3
*******************************************************************
 4.83459E+00  -3.27891E+04   1.53063E+01  -4.11792E+04   2.61038E-01
.....................................................................
                                                              Page 12
[300 C]
 FTdemo demonstration database - use only for slide shows and teaching.
FactSage 7.0
 T = 300 C
 P = 10 bar
 V = 0.27296 dm3

 STREAM CONSTITUENTS          AMOUNT/gram   TEMPERATURE/C   PRESSURE/bar
STREAM
 Fe2O3_hematite                1.0000E+00        25.00        1.0000E+00
1
 Fe_bcc                        1.0000E+00        25.00        1.0000E+00
1
 CO2/gas_ideal/                3.0000E+00        25.00        1.0000E+00
1
*******************************************************************
   Cp_INI          H_INI          S_INI          G_INI          V_INI
    J.K-1            J            J.K-1            J             dm3
*******************************************************************
 3.63702E+00  -3.19965E+04   1.56191E+01  -3.66533E+04   1.68984E+00

                             EQUIL AMOUNT  MOLE FRACTION     FUGACITY
 PHASE: gas_ideal                mol                           bar
 CO2                          5.7268E-02     9.9982E-01    9.9982E+00
```

```
 CO                                      1.0454E-05    1.8251E-04    1.8251E-03
 TOTAL:                                  5.7278E-02    1.0000E+00    1.0000E+00
    System component                   Mole fraction  Mass fraction
    Fe                                   1.4011E-34    5.3338E-34
    O                                    0.66665       0.72707
    C                                    0.33335       0.27293
                                           gram                      ACTIVITY
 Fe3O4_Magnetite(s)                      2.3486E+00                  1.0000E+00
 C_Graphite(s)                           1.3078E-01                  1.0000E+00
 ******************************************************************************
   DELTA Cp        DELTA H        DELTA S        DELTA G        DELTA V
     J.K-1            J            J.K-1            J             dm3
 ******************************************************************************
  1.30330E+00  -6.70446E+02  -9.49244E-02  -4.91129E+03  -1.41689E+00

 ******************************************************************************
      Cp              H              S              G              V
     J.K-1            J            J.K-1            J             dm3
 ******************************************************************************
  4.94031E+00  -3.26669E+04   1.55242E+01  -4.15646E+04   2.72957E-01

 Show only stable phases option in effect
 Cut-off limit for gaseous fractions = 1.00E-04

 Databases: FTdemo
 >>> Warning! FTdemo demonstration database - use only for slide shows
and teaching. <<<
 Data Search options: exclude gas ions; organic CxHy.. X(max) = 2; min
soln cpts = 2

.........................................................................
......
                                                                    Page 13
[325 C]
 FTdemo demonstration database - use only for slide shows and teaching.
FactSage 7.0
 T = 325 C
 P = 10 bar
 V = 0.28489 dm3

 STREAM CONSTITUENTS               AMOUNT/gram   TEMPERATURE/C   PRESSURE/bar
STREAM
 Fe2O3_hematite                      1.0000E+00        25.00        1.0000E+00
1
 Fe_bcc                              1.0000E+00        25.00        1.0000E+00
1
 CO2/gas_ideal/                      3.0000E+00        25.00        1.0000E+00
1
 ******************************************************************************
    Cp_INI          H_INI          S_INI          G_INI          V_INI
     J.K-1            J            J.K-1            J             dm3
 ******************************************************************************
  3.63702E+00  -3.19965E+04   1.56191E+01  -3.66533E+04   1.68984E+00
```

```
                              EQUIL AMOUNT  MOLE FRACTION     FUGACITY
PHASE: gas_ideal                 mol                             bar
CO2                            5.7262E-02    9.9961E-01     9.9961E+00
CO                             2.2376E-05    3.9062E-04     3.9062E-03
TOTAL:                         5.7284E-02    1.0000E+00     1.0000E+00
   System component          Mole fraction  Mass fraction
   Fe                          3.7805E-33    1.4392E-32
   O                           0.66662       0.72705
   C                           0.33338       0.27295
                                 gram                         ACTIVITY
Fe3O4_Magnetite(s)             2.3486E+00                   1.0000E+00
C_Graphite(s)                  1.3071E-01                   1.0000E+00
*********************************************************************
  DELTA Cp        DELTA H        DELTA S        DELTA G        DELTA V
    J.K-1            J            J.K-1            J              dm3
*********************************************************************
 1.42284E+00  -5.45480E+02   1.18469E-01  -5.30208E+03  -1.40495E+00

*********************************************************************
     Cp              H              S              G               V
    J.K-1            J            J.K-1            J              dm3
*********************************************************************
 5.05985E+00  -3.25420E+04   1.57376E+01  -4.19554E+04   2.84893E-01
```

ANEXO D

D.1 RESULTADOS ANÁLSISIS DE POROSIDAD, MICROMETRICS TRISTARII MATERIAL COMO SE RECIBIÓ

Micromeritics Instrument Corporation

TriStar II 3020 V1.03 (V1.03) Unit 1 Port 1 Serial #: 781 Page 1

Sample: S1_Eduin
Operator:
Submitter:
File: C:\...\092716VD\S1_EDUIN.SMP

Started:	9/27/2016 5:54:32PM	Analysis Adsorptive:	N2
Completed:	9/27/2016 9:21:47PM	Analysis Bath Temp.:	-195.850 °C
Report Time:	9/28/2016 12:53:48PM	Sample Mass:	0.4231 g
Warm Free Space:	8.8732 cm³ Measured	Cold Free Space:	23.2279 cm³ Measured
Equilibration Interval:	5 s	Low Pressure Dose:	None
Sample Density:	1.000 g/cm³	Automatic Degas:	No

Summary Report

Surface Area

BET Surface Area: 4.6566 m²/g

BJH Adsorption cumulative surface area of pores between 17.000 Å and 3000.000 Å width: 4.877 m²/g

BJH Desorption cumulative surface area of pores between 17.000 Å and 3000.000 Å width: 4.8663 m²/g

Pore Volume

Single point adsorption total pore volume of pores less than 1712.105 Å width at P/Po = 0.988573916: 0.012891 cm³/g

BJH Adsorption cumulative volume of pores between 17.000 Å and 3000.000 Å width: 0.012900 cm³/g

BJH Desorption cumulative volume of pores between 17.000 Å and 3000.000 Å width: 0.007978 cm³/g

Pore Size

Adsorption average pore width (4V/A by BET): 110.7372 Å

BJH Adsorption average pore width (4V/A): 105.811 Å

BJH Desorption average pore width (4V/A): 65.579 Å

D.2 RESULTADOS ANÁLSISIS DE POROSIDAD, MICROMETRICS TRISTARII MATERIAL DESPÚES DE DOS HORAS DE MOLIDO MECÁNICO

Micromeritics Instrument Corporation

TriStar II 3020 V1.03 (V1.03) Unit 1 Port 2 Serial #: 781 Page 1

Sample: S2_Eduin
Operator:
Submitter:
File: C:\...\092716VD\S2_EDUIN.SMP

Started:	9/27/2016 5:54:32PM	Analysis Adsorptive:	N2
Completed:	9/27/2016 9:21:47PM	Analysis Bath Temp.:	-195.850 ℃
Report Time:	9/28/2016 12:54:39PM	Sample Mass:	0.4271 g
Warm Free Space:	9.0325 cm³ Measured	Cold Free Space:	23.9687 cm³ Measured
Equilibration Interval:	5 s	Low Pressure Dose:	None
Sample Density:	1.000 g/cm³	Automatic Degas:	No

Summary Report

Surface Area

BET Surface Area: 16.3575 m²/g

BJH Adsorption cumulative surface area of pores
between 17.000 Å and 3000.000 Å width: 18.398 m²/g

BJH Desorption cumulative surface area of pores
between 17.000 Å and 3000.000 Å width: 19.5119 m²/g

Pore Volume

Single point adsorption total pore volume of pores
less than 1872.029 Å width at P/Po = 0.989564087: 0.045334 cm³/g

BJH Adsorption cumulative volume of pores
between 17.000 Å and 3000.000 Å width: 0.045457 cm³/g

BJH Desorption cumulative volume of pores
between 17.000 Å and 3000.000 Å width: 0.033796 cm³/g

Pore Size

Adsorption average pore width (4V/A by BET): 110.8584 Å

BJH Adsorption average pore width (4V/A): 98.830 Å

BJH Desorption average pore width (4V/A): 69.284 Å

D.3 RESULTADOS ANÁLSISIS DE POROSIDAD, MICROMETRICS TRISTARII MATERIAL DESPÚES DEL CUARTO CICLO

Micromeritics Instrument Corporation

TriStar II 3020 V1.03 (V1.03) Unit 1 Port 3 Serial #: 781 Page 1

Sample: S3_Eduin
Operator:
Submitter:
File: C:\...\092716VD\S3_EDUIN.SMP

Started: 9/27/2016 5:54:32PM
Completed: 9/27/2016 9:21:47PM
Report Time: 9/28/2016 12:55:04PM
Warm Free Space: 9.2840 cm³ Measured
Equilibration Interval: 5 s
Sample Density: 1.000 g/cm³

Analysis Adsorptive: N2
Analysis Bath Temp.: -195.850 °C
Sample Mass: 0.3433 g
Cold Free Space: 24.9075 cm³ Measured
Low Pressure Dose: None
Automatic Degas: No

Summary Report

Surface Area

BET Surface Area: 73.4525 m²/g

BJH Adsorption cumulative surface area of pores between 17.000 Å and 3000.000 Å width: 87.589 m²/g

BJH Desorption cumulative surface area of pores between 17.000 Å and 3000.000 Å width: 98.7371 m²/g

Pore Volume

Single point adsorption total pore volume of pores less than 1934.915 Å width at P/Po = 0.989908126: 0.119894 cm³/g

BJH Adsorption cumulative volume of pores between 17.000 Å and 3000.000 Å width: 0.118985 cm³/g

BJH Desorption cumulative volume of pores between 17.000 Å and 3000.000 Å width: 0.110443 cm³/g

Pore Size

Adsorption average pore width (4V/A by BET): 65.2905 Å

BJH Adsorption average pore width (4V/A): 54.338 Å

BJH Desorption average pore width (4V/A): 44.742 Å

Printed by Books on Demand GmbH, Norderstedt / Germany